Absender:

Feuerwehr

Name / Vorname

Funktion

Straße und Hausnummer

PLZ / Ort

Telefonnr. für Rückfragen

E-Mail

Datum X Unterschrift

Stand der Preise 10/2016. Irrtum und Änderungen vorbehalten.

AF533613

Bestellung und Information unter
www.ecomed-storck.de

ecomed-Storck GmbH
c/o Verlagsgruppe Hüthig Jehle Rehm GmbH
Kundenservice
80289 München

Service-Tel.: 089 2183-7922
Bestell-Fax: 089 2183-7620
E-Mail: kundenservice@ecomed-storck.de
Internet: www.ecomed-storck.de

Bitte senden Sie mir/uns folgende/n Titel aus der Reihe „Fachwissen Feuerwehr" zum Preis von je € 12,99 inkl. MwSt.

ecomed SICHERHEIT

Ex.	Titel	ISBN 978-3-609-
________	Atemschutzgeräteträger	62325-2
________	Aufzugrettung	69787-1
________	Baukunde	62411-2
________	Biogasanlagen	68446-8
________	Brandsicherheitsdienst	62408-2
________	Brennen und Löschen	69585-3
________	Digitalfunk	68436-9
________	Durchführung des ABC-Einsatzes	69348-4
________	Einfache Rettung aus Höhen und Tiefen	69621-8
________	Einsatz bei Brandmeldeanlagen	68447-5
________	Einsatz von D-Leitungen	69807-6
________	Einsätze im Bereich von Bahnanlagen	68462-8
________	Einsatzplanung und -vorbereitung	62400-6
________	Fahrzeugkunde Teil 1	62403-7
________	Fahrzeugkunde Teil 2	62014-5
________	Führen und Leiten im Einsatz	62418-1
________	Gefahren der Einsatzstelle	62401-3
________	Gefahren der Einsatzstelle – Einsturz	68941-8
________	Gefahren der Einsatzstelle – Elektrizität	69792-5
________	Gerätekunde Arbeitsgerät	69796-3
________	Gerätekunde Beleuchtungs- u. Warngerät	69788-8
________	Gerätekunde Feuerwehrpumpen	68445-1
________	Gerätekunde Hilfeleistungsgerät	69808-3
________	Gerätekunde Löschgerät	62324-5
________	Gerätekunde Rettungsgerät	62116-6
________	Gerätekunde Schläuche und Armaturen	62368-9
________	Grundlagen der Absturzsicherung	68696-7
________	Grundlagen der Wasser- und Eisrettung	62359-7
________	Grundlagen des ABC-Einsatzes	68756-8
________	Grundlagen des Drehleitereinsatzes	62323-8
________	Grundlagen des Hochwassereinsatzes	62357-3
________	Grundtätigkeiten Hilfeleistungseinsatz	62022-0
________	Grundtätigkeiten Löscheinsatz	62413-6
________	Grundtätigkeiten Retten und Selbstretten	62358-0
________	Gruppenführer – Ausbildung gemäß FwDV 2	69795-6
________	Hochwasserlagen bewältigen	69346-0
________	Integrierte Rettungssysteme in Brandschutzkleidung	69349-1
________	Knoten, Stiche, Bunde und Anschlagmittel	62402-0
________	Löschwasserförderung	62015-2
________	Löschwasserversorgung	62405-1
________	Maschinist für Löschfahrzeuge	69599-0
________	Mechanik	62117-3
________	Photovoltaik	62404-4
________	Schutzkleidung und Schutzgerät	62407-5
________	Sprechfunker – Ausbildung gemäß FwDV 2	69794-9
________	Truppführer – Ausbildung gemäß FwDV 2	69789-5
________	Türöffnung – Forcible Entry	62409-9
________	Übungen	69791-8
________	Unfallverhütung	62417-4
________	Unfälle mit alternativ angetriebenen Fahrzeugen	62410-5
________	Vorbeugender Brandschutz	69793-2
________	Wärmebildkamera	68448-2

Bitte senden Sie mir/uns Ihr

Ex.	Titel	ISBN 978-3-609-
________	Sammelwerk Fachwissen Feuerwehr	62001-5
	16 Titel in 2 Ordnern für € 149,99 inkl. MwSt.	
________	Fachwissen Feuerwehr online	69809-0
	mindestens 49 Titel für € 239,99 inkl. MwSt. (Jahreslizenz 1 Nutzer)	

Bitte senden Sie mir/uns nur einzelne Leerordner
zum Preis von je € 14,00 inkl. MwSt.

Ex.	Titel	
________	Leerordner Fachwissen Feuerwehr	60920449

Einfach & bequem bestellen: Fax: +49 89 2183-7620

de Vries

Einsatz von Hohlstrahlrohren

Ausbildung und Praxis

Fachwissen Feuerwehr

FACHWISSEN FEUERWEHR

de Vries

EINSATZ VON HOHLSTRAHLROHREN

Ausbildung und Praxis

Bibliografische Informationen der deutschen Nationalbibliothek

Die Deutsche Nationalbibliothek verzeichnet diese Publikation in der Deutschen Nationalbibliografie; detaillierte bibliografische Daten sind im Internet über http://www.dnb.de abrufbar.

Bei der Herstellung des Werkes haben wir uns zukunftsbewusst für umweltverträgliche und wiederverwertbare Materialien entschieden. Der Inhalt ist auf chlorfrei gebleichtes Papier gedruckt.

Nachweis der Titelillustrationen: Dr.-Ing. Holger de Vries
Nachweis der Bilder im Innenteil: Dr.-Ing. Holger de Vries, wenn nicht anders angegeben

Art-Director und künstlerische Gesamtleitung: Dr.-Ing. Holger de Vries

ISBN 978-3-609-69643-0

E-Mail: kundenservice@ecomed-storck.de

Telefon: 089/2183–7922
Telefax: 089/2183–7620

www.ecomed-storck.de

Satz: Fotosatz Pfeifer, 82152 Krailling
Druck: Kessler Druck + Medien, 86399 Bobingen

Vorwort

Seit über 100 Jahren stehen den deutschen Feuerwehren Hohlstrahlrohre zur Verfügung. Für junge Feuerwehrangehörige heute mag es kaum vorstellbar sein: Bis in die 1990er-Jahre waren Hohlstrahlrohre in der Bundesrepublik keine Standardausrüstung, nicht in die Ausbildung integriert und noch nicht einmal die Bezeichnungen ihrer Bauteile und die Beschreibung ihrer Funktionen und Strahlformen waren definiert. Ausnahmen waren dessen unbenommen z.B. „Rosenbauer NePiRo[1]", die „AWG Pistolenstrahlrohre" an formstabilen Schnellangriffseinrichtungen und die „T&A Fogfighter" in Hamburg, wobei es auch bei diesen kaum zu vernünftiger Ausbildung der Funktionsweise der Rohre kam und kommt! Zu diesem Zeitpunkt waren Hohlstrahlrohre schon Stand der Technik im „Rest der Welt". Auch in der DDR waren zwei Hohlstrahlrohrtypen bereits seit den 1970er Jahren als „C-Mehrzweckstrahlrohr Typ II" mit einem nominellen Durchmesser von 8 mm (235 L/min bei 5 bar) und einem Ringspalt aus sechs Ringsegmenten nach TGL 121-365/02 und als „Mehrzweckstrahlrohr in Pistolenform CM-P" mit einem nominellen Durchmesser von 18 mm (450 L/min bei 5 bar) nach TGL 35803 genormt und eingeführt.[2] Nach unten wurde das Spektrum durch ein D-Kleinstrahlrohr, das mit einer Hohlstrahldüse oder einem Schaumrohr 0,12/12 bestückt werden konnte, erweitert. Leider sind die Errungenschaften des Ingenieurkorps der DDR-Feuerwehren und die hervorragende Fachliteratur nach 1990 untergegangen, ohne qualifiziert gesichtet, gewürdigt und in ein harmonisiertes gesamtdeutsches Feuerwehrwesen eingeflossen zu sein. Dabei handelt es sich um ein historisches Versäumnis, das leider irreversibel ist. Erst 1996 kam es erstmals zu einer systematischen

„C-Mehrzweckstrahlrohr Typ II" nach TGL 121-365/02

[1] Nebelpistolen(strahl)rohr

[2] TGL = Technische Normen, Gütevorschriften und Lieferbedingungen

Aufarbeitung der westlichen Hohlstrahlrohrtechnik und der Definition der vier Funktionskategorien als „Nebenthema" der Verwendung von Schaum zur Bekämpfung von Feststoffbränden [1]. Basierend hierauf wurde mit DIN 14367 (2002) eine deutsche Hohlstrahlrohrnorm erarbeitet, die wiederum neben der französischen Norm eine der wichtigsten Grundlagen für die 2007 erstmals veröffentlichte DIN EN 15182 „Strahlrohre für die Brandbekämpfung" mit ihren vier Teilen bildete. Diese wiederum war die Keimzelle für DIN EN 15767 „Tragbare Werfer" mit ihren drei Teilen für allgemeine Anforderungen, Wasser- und Schaumdüsen (2009). Vermutlich hat selten eine Diplomarbeit in so relativ kurzer Zeit (15 Jahre) einen so direkten Einfluss auf die deutsche und europäische Feuerwehrgerätenormung genommen wie in diesem Fall, was auch an den fast 1:1 in die Normen übernommenen Abbildungen leicht zu erkennen ist. Dies belegt aber auch den Bedarf, für diese Armaturen und Geräte entsprechende Regeln zu formulieren und fundierte Ausbildungsunterlagen zu erstellen, denn ab den 1990er-Jahren entwickelten sich – meist unabhängig von den Landesfeuerwehrschulen und vielerorts auf „privater" Basis – die ersten teilweise in der Anfangsphase recht abenteuerlich betriebenen Anlagen zur realistischen Heißausbildung in Form von „Brandcontainern". Zu diesem Zeitpunkt versuchten einige Feuerwehrverbände und Innenministerien noch, die Anwendung der DIN EN 369 auf Grundlage der PSA-Richtlinie (89/686/EWG vom 21. Dezember 1989) für echte Brandschutzbekleidung auf die deutschen Feuerwehren zu verhindern. Ihr Argument: Deutsche Feuerwehren seien ja auch im Katastrophenschutz tätig und dieser sei ja als Ausnahme des Anwendungsbereichs der Norm genannt – einlagige Baumwollbekleidung ohne Nässeschutz (bis auf ein Schulterkoller aus Polyurethan) sei in Deutschland für die Brandbekämpfung völlig ausreichend. Ohne „Europa" hätte es für deutsche Feuerwehren ernsthafte Schutzkleidung und die flächendeckende Einführung von Hohlstrahlrohren und anderer moderner Armaturen erst sehr viel später gegeben – wenn überhaupt. Das Normungswesen ist eine der demokratischsten Einrichtungen, die man sich vorstellen kann: Jeder Feuerwehrangehörige kann zu jedem Zeitpunkt seine Vorschläge oder Bedenken in vernünftiger Form beim DIN in Berlin einreichen, diese werden dann in die jeweiligen Ausschüsse weitergeleitet und dort bearbeitet. So ist z.B. der sicherheitsrelevante Hinweis eines Feuerwehrangehörigen fast direkt in den noch in Erarbeitung befindlichen Entwurf der EN für Sammelstücke und Verteiler eingeflossen.

Modernes Gerät mit mehr Varianten bei der Modellauswahl, seinen Funktionen und seinen Einstell- und Anwendungsmöglichkeiten erfordert allerdings auch eine entsprechend fundierte Ausbildung. Kein Strahlrohr sollte in den Einsatz genommen werden, ohne dass diejenigen, die es führen, genau wissen, wie es funktionicrt. Wer sich hier in der „kalten" Ausbildung bereits unsicher ist und sein Geräte nicht – im wahrsten Sinne des Wortes! – blind bedienen kann, wird in einer „heißen" Situation nicht bestehen können. Somit ist diese Broschüre eine lebenswichtige Ergänzung zur Feuerwehrgrundausbildung für Berufs- und Freiwillige Feuerwehren gleichermaßen.

Der Verfasser dankt insbesondere den Mitgliedern der Freiwilligen Feuerwehr Hamburg-Stellingen F1931, die seit Jahren seinen „Feldversuchen" ausgesetzt sind und diese stets aktiv unterstützen. Weiterer Dank geht an die Kameraden der Freiwilligen Feuerwehr Hooksiel, des Einsatzausbildungszentrums Schadenabwehr der Marine in Neustadt/Holstein, der Kreisfeuerwehrzentrale Stormarn und an die Hersteller von Schläuchen und Armaturen, die meine Arbeit unterstützen.

In Memoriam

Erich Zoellner, Leiter der Marinestützpunktfeuerwehr Wilhelmshaven a.D. und Kapitänleutnant d.R.a.D., 06.08.1951 – 27.08.2017

Hamburg, November 2017 Dr.-Ing. Holger de Vries

Hinweis: Zur Vertiefung des Themas wird empfohlen: de Vries, Holger: „Einsatzpraxis: Brandbekämpfung mit Wasser und Schaum – Technik und Taktik", ecomed, Landsberg, 3. Auflage.

Inhalt

1 Einführung

„Löschmittelauswurfvorrichtungen" (LAV) ist ein Sammelbegriff für Vorrichtungen, mit denen der Volumenstrom, die Richtung und die geometrische Verteilung des Löschmittels bestimmt werden (können) [2]. Eine Untergruppe der LAV sind Strahlrohre, sie machen das Ende einer Schlauchleitung handhabbar und formen einen Strahl. Dabei können je nach Art des Strahlrohres, Strahlrohrdruck, Strahlform, Reichweite, Tröpfchenspektrum und ggf. Verschäumung bei gleichem Förderdruck bzw. Volumenstrom stark unterschiedlich sein. Zu den universellsten Geräten dieser Gattung gehören die Hohlstrahlrohre, die sich sowohl für die Ausbringung von reinem Wasser wie auch von Wasser-Schaummittel-Gemisch eignen. Mit ihnen können Vollstrahl großer Reichweite und Sprühstrahl großer Deckungsbreite erzeugt werden, so dass sie für eine Vielzahl von Brandbekämpfungstaktiken geeignet sind. In Versuchen konnte gezeigt werden, dass ihre richtige Handhabung durch den Strahlrohrführer einen größeren Einfluss auf den Löscherfolg hat als z.B. der Löschwasserdruck [3]. Um sie auch fachgerecht anwenden zu können, ist eine genaue Kenntnis ihrer Funktionsweise erforderlich. Dies wird bei vielen Veröffentlichungen über Brandbekämpfungstaktiken vorausgesetzt.

1.1 Grundlagen

Allen (Wasser-)Strahlrohren ist gemein, dass eine Querschnittsverringerung zu einer Erhöhung der Fließgeschwindigkeit des durch sie hindurchfließenden Wassers führt (siehe Abb. 1). Die Geschwindigkeitszunahme bewirkt, dass das Wasser beim Verlassen des Strahlrohres einen höheren dynamischen Druck hat als beim Eintritt, so dass mit einem Strahlrohr höhere Wurfweiten erzielt werden können, als mit einem freien Schlauchende.

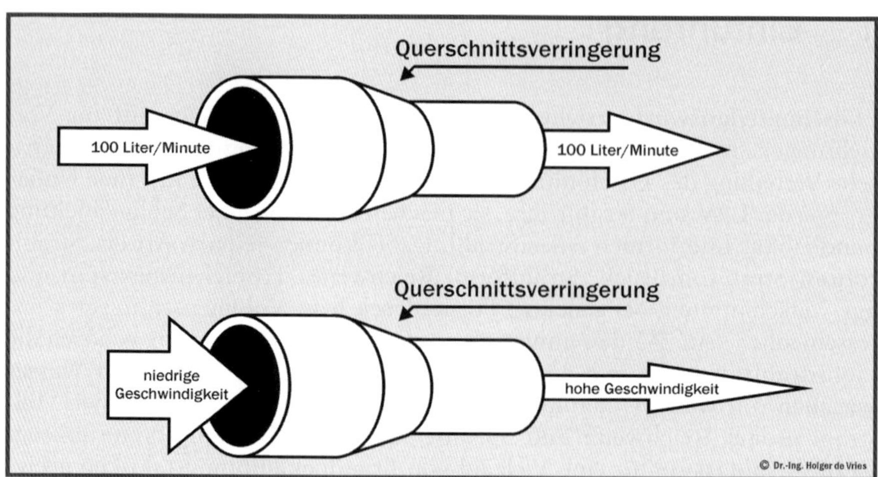

Abbildung 1: Grundprinzip der Strahlformung

Gleichzeitig sinkt der statische Druck des Wassers, so dass ein Wasserstrahl beim Verlassen des Strahlrohres mehr oder weniger Luft ansaugt. Der Löschwasserstrahl an sich reißt dann noch weitere Umgebungsluft mit sich. Dies kann der Strahlrohrführer daran erkennen, dass das Feuer oft erst einmal aufflammt, wenn es vom Löschwasserstrahl getroffen wird. Ein Hohlstrahlrohr, das mit einem 30° weiten Sprühstrahl bei 6,8 bar (100 psi) betrieben wird, reißt pro L/min Volumenstrom 225 Liter Luft mit (30 CFM Luft pro 1 GPM Wasser). Dies kann zur Erzeugung eines nassen Schwerschaums mit einer Verschäumung von 3 bis 5 sowie zur hydraulischen Ventilation genutzt werden [4].

Bei Strahlrohren wird der Löschwasserstrahl durch ihre Form, die Verwendung unterschiedlicher Düsen und den Einbau von Störkörpern geformt und das Tröpfchenspektrum beeinflusst.

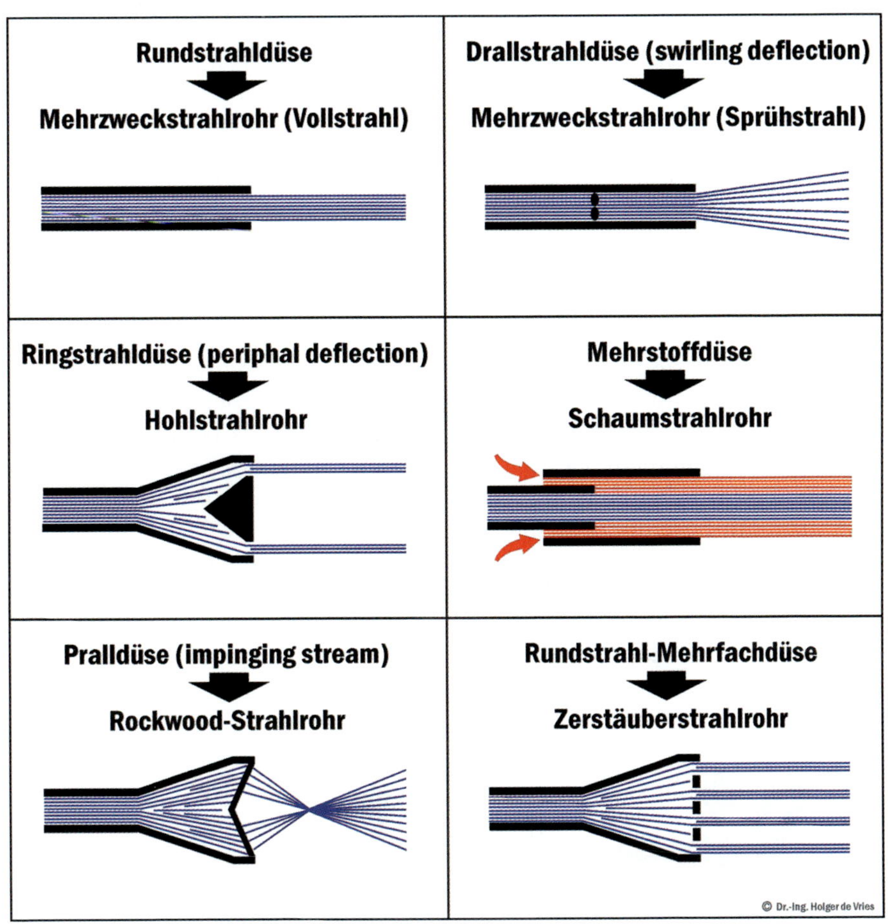

Abbildung 2: Düsenarten nach Herterich [6] und Strahlrohrbezeichnungen

Nach FORNELL [5] und HERTERICH [6] lassen sich die bei den Feuerwehren vorwiegend verwendeten Strahlrohrtypen nach der Art der Strahlerzeugung und -formung kategorisieren. In Abbildung 2 sind die von Fornell und Herterich benutzen Bezeichnungen den bei den Feuerwehren üblichen Bezeichnungen gegenübergestellt. Die Skizzen in Abbildung 2 geben lediglich den grundsätzlichen Aufbau verschiedener Strahlrohre wieder, die in den folgenden Abschnitten detailliert erläutert werden. Wie Abbildung 4 und Abbildung 5 zeigen, können für Funktionen, für die zu Zeiten der Mehrzweckstrahlrohre nach DIN Sonder- und Zerstäuberstrahlrohre beschafft wurden, heute üblicherweise universell verwendbare Hohlstrahlrohre eingesetzt werden.

Rundstrahlrohre sind Strahlrohre, die nur aus einem konischen Rohr bestehen. Der Wasserstrahl wird in ihnen oder durch sie weder umgelenkt noch zerteilt. Diese reine Form des Rundstrahlrohres gibt es bei den deutschen Feuerwehren nicht mehr. Es gab sie vor der Normung der Mehrzweckstrahlrohre und sie wurden Vollstrahlrohre genannt. Vollstrahlrohre heißen in den USA „smooth-bore nozzles“ und werden dort von vielen Feuerwehren verwendet. Diese Strahlrohre bestehen aus einem Kugelhahn als Schaltorgan, in dessen Küken kein Störkörper eingebaut ist und zwei oder drei kleinen konischen Rohren, die aufeinander geschraubt sind („stacked tips“). Durch Abschrauben der vorderen Rohre kleineren Durchmessers kann der Strahlrohrführer den Volumenstrom durch das Strahlrohr erhöhen.

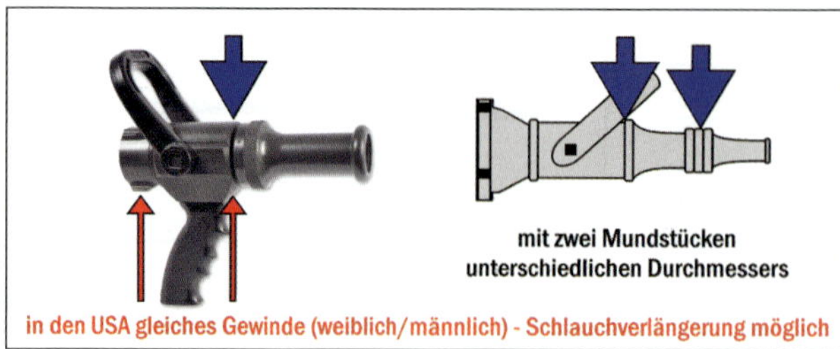

Abbildung 3:
US-amerikanisches Rundstrahlrohr (smooth-bore nozzle)

Abbildung 4: Hoenig-Zerstäuber ZR 300 mit 9 Düsen der Fa. Lechler (250 L/min bei 3 bar, 350 L/min bei 5 bar, 450 L/min bei 8 bar), nach Herterich eine Rundstrahl-Mehrfachdüse

Abbildung 5: AWG-Zerstäuber-Löschlanze, nach Herterich eine Rundstrahl-Mehrfachdüse

Abbildung 6: Auch in den USA waren in den 1950er- und 1960er-Jahren reine „Fog Nozzles" ein Hit und jede Feuerwehr, die etwas auf sich hielt, musste sie kaufen, nachdem sie Chief Lloyd Laymans Ausführungen über indirektes Löschen offensichtlich nicht ganz gelesen oder verstanden hatten, um dann festzustellen, dass man mit reinem Sprühstrahl kein Feuer löschen kann; hier der „Rockwood Fog Foam Blizzard"

Abbildung 7 zeigt eine andere Systematisierung und weitere Aufgliederung in Strahlrohrtypen, sie ist in ähnlicher Form inzwischen Bestandteil der DIN EN 15182:2007-02. Gegenüber der Darstellung in DIN EN 15182 unterscheidet sich diese Übersicht u. a. durch die neu hinzugekommene Funktionskategorie 5 der Hohlstrahlrohre, die in der Norm noch nicht berücksichtigt werden konnte. Die Übersicht ist deshalb erforderlich, da einerseits einige Strahlrohre mehrere der von Herterich verwendeten Prinzipien nutzen. Andererseits gibt es allein von den Hohlstrahlrohren fünf grundsätzlich unterschiedliche Ausführungen. Rotations-Drallstrahlrohre, Rockwood-Strahlrohre (Drallstrahlbündel-Strahlrohre) und Zerstäuberstrahlrohre werden heute gar nicht oder nur sehr selten eingesetzt und daher im Weiteren nicht behandelt.

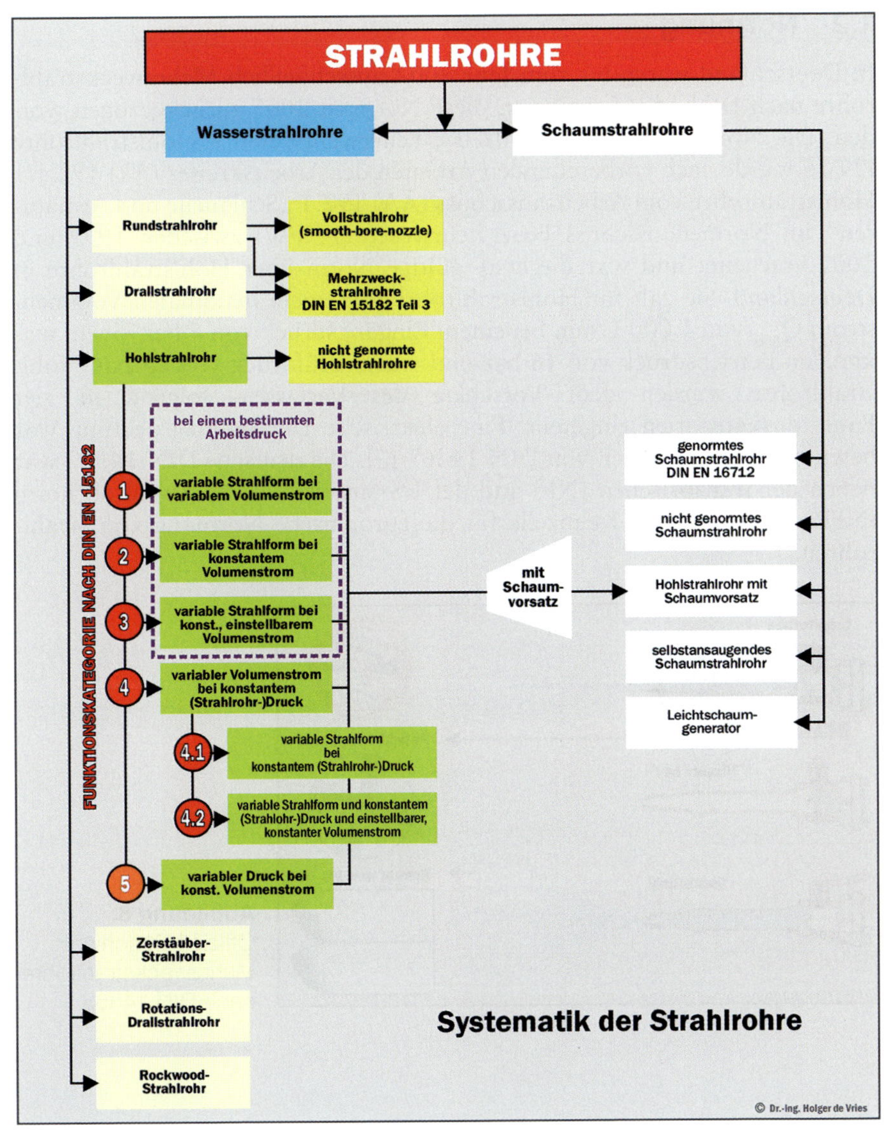

Abbildung 7: Systematik der Strahlrohre

1.2 Normung

In Deutschland waren bis zum Jahr 2002 ausschließlich Mehrzweckstrahlrohre nach DIN 14365 genormt, diese Norm ist 2007 zurückgezogen worden. Die Norm DIN 14367:2002-07, Feuerwehrwesen – Hohlstrahlrohre PN 16 wurde nach vorbereitenden Arbeiten des Arbeitskreises (Ak) 192.1/1 Hohlstrahlrohre vom Arbeitsausschuss (AA) 192.1 „Schläuche und Armaturen" im Normenausschuss Feuerwehrwesen (FNFW) zwischen 1999 und 2002 erarbeitet und war die erste gültige Norm über Hohlstrahlrohre in Deutschland. Sie galt für Hohlstrahlrohre mit einem maximalen Volumenstrom Q_{max} von 1.000 L/min bei einem Eingangsdruck von 6 bar, einem maximalen Betriebsdruck von 16 bar und einem Prüfdruck von 25 bar. Hohlstrahlrohre wurden dem Vorschlag des Verfassers folgend in vier Funktionskategorien eingeteilt. Eine elektrische Durchschlagsprüfung war bewusst kein Bestandteil von DIN 14367 [7]. Die deutsche DIN 14367 war neben der französischen (NF) und der US-amerikanischen Strahlrohrnorm (NFPA) eine wichtige Keimzelle für die europäische Normung von Strahlrohren.

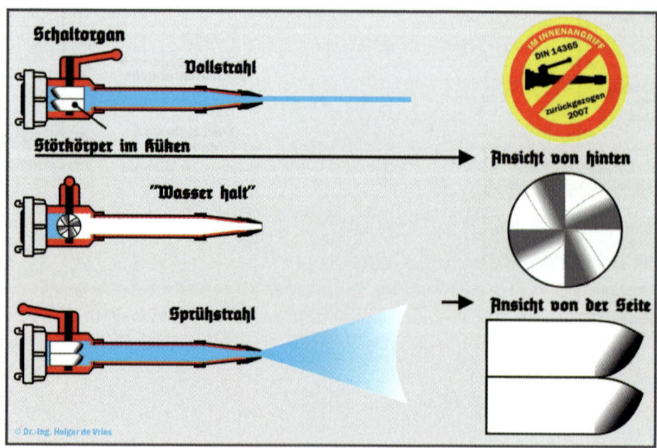

Abbildung 8:
Offiziell Geschichte: Mehrzweckstrahlrohre nach DIN 14365

Erstmals 2004 in der Fahrzeugnorm für das LF 20/16 konnte der Besteller wählen, ob er Mehrzweckstrahlrohre oder stattdessen „offiziell" Hohlstrahlrohre im Fahrzeug mitführen wollte [8]. Beide nationalen deutschen Strahlrohrnormen sind ab 2007 in der europäischen Norm DIN EN 15182:2007-02 [9; 10; 11; 12] aufgegangen.

Sie ersetzt die zum Teil seit den 1930er- und 1940er-Jahren bisher für die Anforderungen und Prüfungen von Mehrzweck- und Hohlstrahlrohren gültigen Deutschen Normen DIN 14200:1979-06, DIN 14365-1:1991-02, DIN 14365-2:1986-09 und DIN 14367:2002-07. Die neue Norm gilt nicht für Strahlrohre, die in DIN EN 671 behandelt werden (Strahlrohre in ortsfesten Löschanlagen, z.B. für Wandhydranten), Schaum- oder Pulverstrahlrohre bzw. Sonderstrahlrohre mit einem maximalen Betriebsdruck von mehr als 40 bar. Insgesamt besteht DIN EN 15182 aus vier Teilen:

- Teil 1 Allgemeine Anforderungen
- Teil 2 Hohlstrahlrohre PN16 – beschreibt Hohlstrahlrohre
- Teil 3 Strahlrohre mit Vollstrahl und/oder einem unveränderlichen Sprühstrahlwinkel PN16 – beschreibt Mehrzweckstrahlrohre und ist damit de facto Nachfolgenorm für DIN 14365
- Teil 4 Hochdruckstrahlrohre PN 40

Da es sich bei der Strahlrohrnorm nunmehr um eine europäische Norm handelt und nach wie vor in Europa verschiedene Kupplungssysteme verwendet werden, mussten im nationalen Vorwort der Teile 1 bis 3 entsprechende Zuordnungen der („deutschen") Storzkupplungen aufgenommen werden. Generell muss daher zwischen dem Besteller und dem Lieferanten die Kupplung vereinbart werden. Danach sind folgende Kupplungsgrößen an Strahlrohren zu verwenden:

a) Festkupplung DIN 14306-D: Volumenstrom bis 100 L/min bei 6 bar Eingangsdruck
b) Festkupplung DIN 14307-C: Volumenstrom von 100 L/min bis 235 L/min bei 6 bar Eingangsdruck

c) Festkupplung DIN 14308-B: Volumenstrom von 235 L/min bis 400 L/min bei 6 bar Eingangsdruck (optional zulässig: Festkupplung C)
d) Festkupplung DIN 14308-B: Volumenstrom ab 400 L/min bei 6 bar Eingangsdruck

Damit bieten sich insbesondere Hohlstrahlrohre nach b) als Ersatz für CM-Strahlrohre an und Hohlstrahlrohre oder Mehrzweckstrahlrohre nach c) oder d) mit Festkupplung DIN 14308-B als Ersatz für BM-Strahlrohre. In Teil 4 für Hochdruckstrahlrohre erfolgt keine Zuordnung einer Kupplung, da es keine genormte Kupplung PN40 gibt. Aus Gründen der Sicherheit werden aber Schraubkupplungen empfohlen.

Die deutsche Zuordnung der Kupplungsgrößen gem. der vorstehenden Auflistung ist recht konservativ. In der Praxis können Strahlrohre mit einem Volumenstrom von bis zu 400 L/min durchaus mit C-52-Leitungen betrieben werden. In Frankreich werden mit 45-mm-Leitungen Strahlrohre mit bis zu 500 L/min betrieben. Anders als in Deutschland („Hofballett") gehört in Frankreich allerdings Hydraulik auch zur Feuerwehrausbildung [13; 14].

1.3 DIN EN 15182-1/4 Strahlrohre für die Brandbekämpfung

1.3.1 DIN EN 15182 Teil 1 – Allgemeine Anforderungen

In Teil 1 der Normenreihe werden die allgemeinen Anforderungen an alle Strahlrohre für die Brandbekämpfung festgelegt. Ziel der Norm ist, ein Mindestmaß an Sicherheits- und Leistungskriterien festzulegen, während die Gestaltung des Strahlrohres weitgehend frei ist. Behandelt werden:

- Sicherheitsanforderungen, zum Beispiel Druckfestigkeit des Strahlrohres
- Funktionsanforderungen, zum Beispiel einheitliche Funktionsrichtungen von Bedieneinrichtungen wie der Strahlformverstellung
- Prüfverfahren zur Verifizierung der Anforderungen
- Klassifizierung und Bezeichnung in Abhängigkeit der Leistungsdaten

- Betriebsanleitung für die sichere Anwendung
- Kennzeichnung und Instandhaltung

Zur Erleichterung der Beschaffungen bei verschiedensten möglichen Bauformen wurde ein Datenblatt für den Vergleich entwickelt. Alle Strahlrohre nach der EN müssen dieses Datenblatt entsprechend Anhang C des Teil 1 der Norm haben, welches dann den Anwender bei der Auswahl der richtigen Strahlrohre informiert. Als Anhang D ist in der Norm ein beispielhaft ausgefülltes Datenblatt aufgenommen worden. Insbesondere sind als Teil des Datenblatts die Betriebskennlinien des Strahlrohres in normiertem Maßstab wiederzugeben, damit Strahlrohre unterschiedlicher Hersteller direkt miteinander verglichen werden können.

1.3.2 DIN EN 15182 Teil 2 – Hohlstrahlrohre

Zusätzlich zu den in EN 15182-1 angegebenen Anforderungen gilt Teil 2 dieser Europäischen Norm für Hohlstrahlrohre PN 16 mit einem maximalen Volumenstrom von 1.000 L/min bei einem Referenzdruck von 6 bar.

Der Referenzdruck von 6 bar ist willkürlich gewählt. Es ist kein „Mindestdruck für die Brandbekämpfung“ oder dergleichen. Er dient lediglich der Vergleichbarkeit der Strahlrohre und ihrer Leistungsdaten.

Nur durch einheitliche Bedienrichtungen und sinnvolle Rotationsbereiche z.B. bei Drehelementen ist die überlebenswichtige schnelle Verstellung zum Beispiel des Strahlwinkels möglich. Aber auch das Öffnen und Schließen muss einheitlich erfolgen, um Fehlbedienungen und damit Unfälle zu vermeiden. Bei Hohlstrahlrohren ist außerdem ein besonderes Augenmerk auf eine effektive Spülmöglichkeit zu richten. Die Norm enthält dazu einen entsprechenden Test.

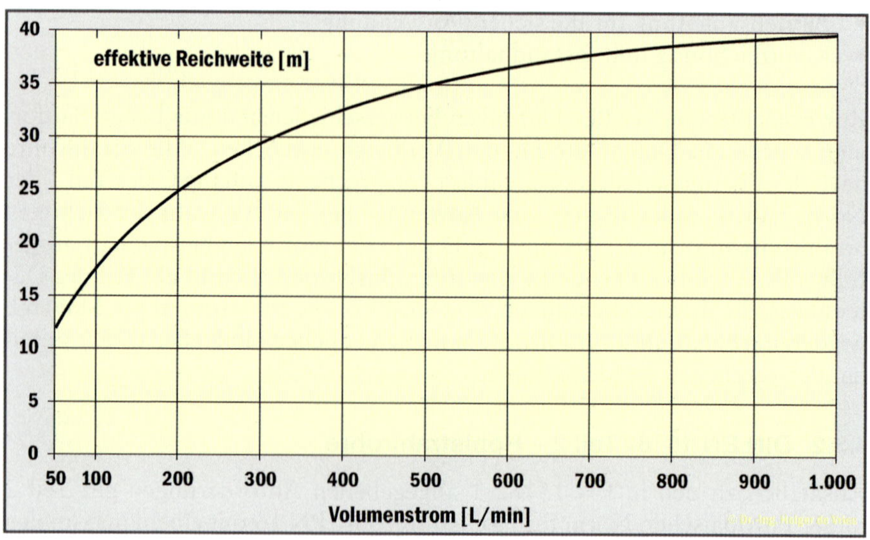

Abbildung 9: Anforderung an die effektive Reichweite des Vollstrahls von Strahlrohren nach DIN EN 15182-3

1.3.3 DIN EN 15182 Teil 3 – Strahlrohre mit Vollstrahl und/oder einem unveränderlichen Sprühstrahlwinkel PN 16

Neben den nach EN 15182-1 geltenden allgemeinen Anforderungen gilt der Teil 3 für Strahlrohre mit Vollstrahl und/oder einem unveränderlichen Sprühstrahlwinkel PN 16. mit einem maximalen Volumenstrom von 1.000 L/min bei einem Referenzdruck von 6 bar (0,6 MPa). Diese Strahlrohre werden in Deutschland weiter unter dem Begriff „Mehrzweckstrahlrohre“ geführt.

Nicht korrekt ist, dass von Herstellern und dem Feuerwehr„fach“handel weiterhin Mehrzweckstrahlrohre nach der bereits 2007 zurückgezogenen DIN 14365 statt nach gültiger DIN EN 15182-3 in Verkehr gebracht werden.

Besonders wichtig ist hier die Anmerkung, dass diese Strahlrohre keinen oder nur unzureichenden Schutz für das Feuerwehrpersonal bieten, wenn der Sprühwinkel kleiner als 30° ist. Daher sollten sie nicht in Brandbekämpfungssituationen mit hohem Risiko eingesetzt werden, wie z. B. Brandbekämpfung im Gebäudeinneren.

DIN EN 15182 verbietet faktisch den Einsatz von Mehrzweckstrahlrohren für den Innenangriff.

1.3.4 DIN EN 15182 Teil 4 – Hochdruckstrahlrohre PN 40

Zusätzlich zu den in DIN EN 15182-1 angegebenen Anforderungen enthält der Teil 4 Festlegungen für Hochdruckstrahlrohre PN 40 mit einem maximalen Volumenstrom von 200 L/min bei einem Referenzdruck von 6 bar.

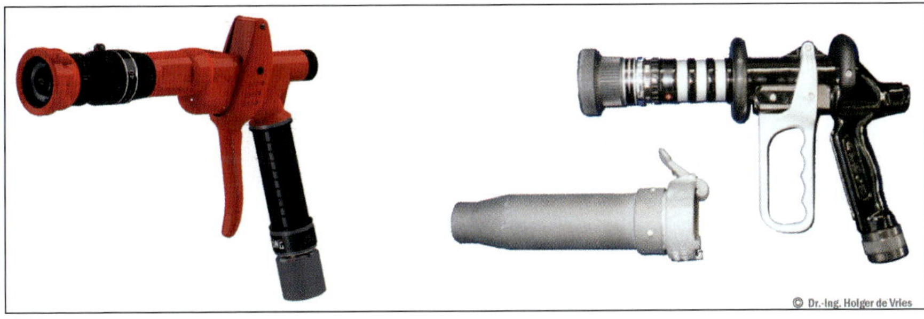

Abbildung 10: Hochdruck-Hohlstrahlrohre Turbopistole 2130 HD der Fa. AWG (links) der Fa. Akron Brass (rechts) mit optionalem Schwerschaumaufsatz

1.4 Selbstkontrolle und Testfragen

(Lösungen siehe Seite 107)

1. Wie kann die Fließgeschwindigkeit eines konstanten Volumenstroms erhöht werden?

2. Welchen Effekt hat ein höherer dynamischer Druck auf den Wasserstrahl eines Strahlrohres?

3. Welchen Volumenstrom an Umgebungsluft kann ein Hohlstrahlrohr ungefähr mitreißen?

4. Welche Düsenformen gibt es nach Herterich?

5. In welche Teile wird DIN EN 15182 unterteilt?

2 Technik der Hohlstrahlrohre

Bei Hohlstrahlrohren – technisch: Ringstrahldüsen – befindet sich ein Störkörper in der Mitte des Wasserstromes. Dieser Störkörper ist in der Regel konisch geformt. Durch den Störkörper wird ein hohler Strahl erzeugt. Dies erklärt den deutschen Namen dieser Strahlrohre. Der Störkörper wird Strahlformkegel oder Strahlformkonus genannt.

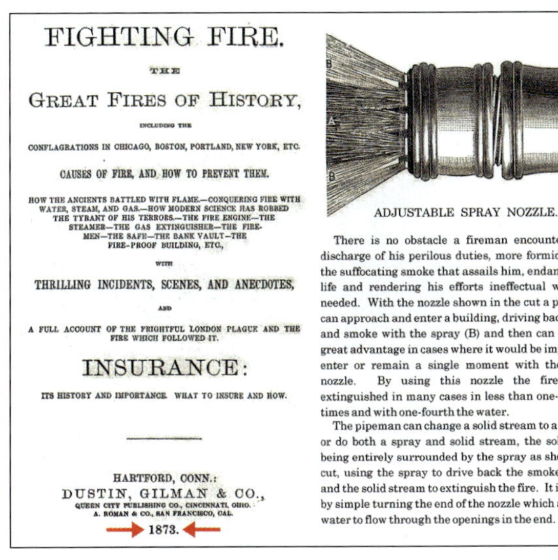

FIGHTING FIRE.

THE

GREAT FIRES OF HISTORY,

INCLUDING THE

CONFLAGRATIONS IN CHICAGO, BOSTON, PORTLAND, NEW YORK, ETC.

CAUSES OF FIRE, AND HOW TO PREVENT THEM.

HOW THE ANCIENTS BATTLED WITH FLAME.—CONQUERING FIRE WITH WATER, STEAM, AND GAS.—HOW MODERN SCIENCE HAS ROBBED THE TYRANT OF HIS TERRORS.—THE FIRE ENGINE—THE STEAMER—THE GAS EXTINGUISHER—THE FIREMEN—THE SAFE—THE BANK VAULT—THE FIRE-PROOF BUILDING, ETC.,

WITH

THRILLING INCIDENTS, SCENES, AND ANECDOTES,

AND

A FULL ACCOUNT OF THE FRIGHTFUL LONDON PLAGUE AND THE FIRE WHICH FOLLOWED IT.

INSURANCE:

ITS HISTORY AND IMPORTANCE. WHAT TO INSURE AND HOW.

HARTFORD, CONN.:
DUSTIN, GILMAN & CO.,
QUEEN CITY PUBLISHING CO., CINCINNATI, OHIO.
A. ROMAN & CO., SAN FRANCISCO, CAL.
1873.

ADJUSTABLE SPRAY NOZZLE.

There is no obstacle a fireman encounters in the discharge of his perilous duties, more formidable than the suffocating smoke that assails him, endangering his life and rendering his efforts ineffectual when most needed. With the nozzle shown in the cut a pipe-holder can approach and enter a building, driving back the heat and smoke with the spray (B) and then can operate to great advantage in cases where it would be impossible to enter or remain a single moment with the common nozzle. By using this nozzle the fire may be extinguished in many cases in less than one-fourth the times and with one-fourth the water.

The pipeman can change a solid stream to a full spray, or do both a spray and solid stream, the solid stream being entirely surrounded by the spray as shown in the cut, using the spray to drive back the smoke and heat and the solid stream to extinguish the fire. It is operated by simple turning the end of the nozzle which admits the water to flow through the openings in the end.

Abbildung 11: Die älteste vom Verfasser recherchierte Quelle über Hohlstrahlrohre aus dem Jahre 1873

Die verschiedenen Ausführungen dieser Strahlrohre zeigen ein grundlegend verschiedenes Verhalten hinsichtlich Strahlform, Volumenstrom und Druckregulierung und bedürfen daher weitergehender Erläuterung. Hohlstrahlrohre werden gerne als „die neuen, amerikanischen Strahlrohre“ bezeichnet, was mindestens insofern unzutreffend ist, als dass die älteste historische Quelle, die der Verfasser recherchieren konnte, aus dem Jahre 1873 (!) stammt. Und wenn es von etwa 1873 schon Bilder gab, dann wird es das vermutlich auch schon etwas länger vorher gegeben haben. Es gibt mindestens zwei sehr alte Stränge europäischer Entwicklung, nämlich die „Stein'sche Düse“, die heute noch in ähnlicher Form als „Mystery Nozzle“ von der Fa. Akron Brass vertrieben wird, sowie das „Schöne-Mundstück“, das bereits 1908 im Vertrieb der Fa. Rosenbauer war. Zu den vermutlich ersten „genormten“ Fahrzeugen, die standardmäßig mit Hohlstrahlrohren – den „METZ-Universaldüsen“ – ausgerüstet waren, gehörten die Fliegertankspritzen, im Zulauf an die Fliegerhorstfeuerwehren der Luftwaffe ab den späten 1930er-Jahren [vgl. 15; 16; 17]. Fairerweise muss aber gesagt werden, dass viele Hohlstrahlrohre der 1930er- bis 1960er-Jahre hinsichtlich ihrer Dichtheit, der Weite und Homogenität des Sprühstrahlwinkels und des Strahlbildes des Voll- und des Sprühstrahles an die Qualität heutiger Strahlrohre nicht heranreichen. Es scheint aus heutiger Sicht so, als hätten deutsche Hersteller versucht, um die Patente der „Mystery Nozzle“ mühsam „herumzukonstruieren“.

Abbildung 12: Hohlstrahlrohre gehörten zur Standardbeladung der Fliegertankspritzen

2.1 Aufbau und Funktionsweise von Hohlstrahlrohren

Abbildung 13 zeigt die grundsätzlichen Bestandteile eines Hohlstrahlrohres, die in verschiedenen Bauformen verwendet werden. Bestimmte Hohlstrahlrohre bestehen aus weiteren Komponenten, deren Funktion in den jeweiligen nachfolgenden Abschnitten beschrieben wird.

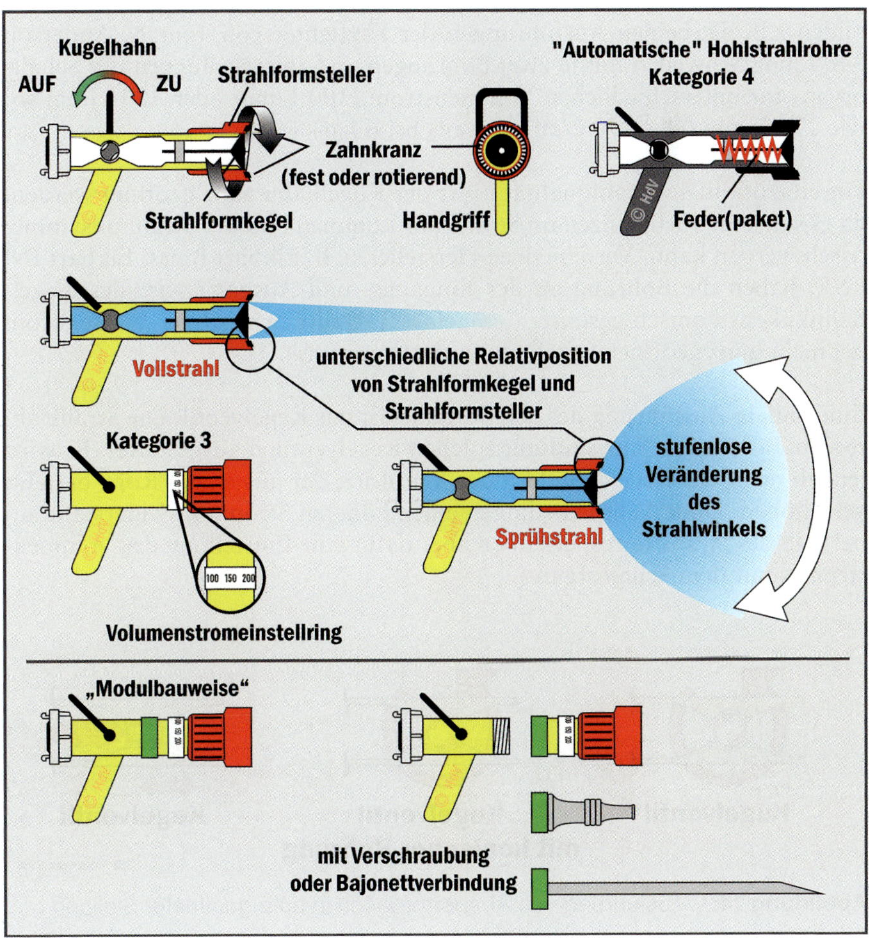

Abbildung 13: Grundsätzlicher Aufbau und Funktionsweise von Hohlstrahlrohren

2.2 Volumenstromeinstellung bei Hohlstrahlrohren

Zur direkten Volumenstromeinstellung bei Hohlstrahlrohren wird entweder ein Kugelhahn oder ein Kegelventil verwendet. Der Kugelhahn hat bei Hohlstrahlrohren grundsätzlich keinen Drallkörper, da die Strahlform am Mundstück des Strahlrohres durch den Strahlformsteller und -kegel verändert wird. In der Regel haben die Kugelhahnküken nur eine Bohrung. Eine Ausnahme bilden z.B. die beiden Ausführungen der Fogfighter von Tour & Anderson AB, Ljung/Schweden mit je zwei Bohrungen und zwei Stellungen des Schaltorgans für unterschiedlichen Volumenstrom (100 L/min oder 300 L/min sowie 175 L/min oder 450 L/min, jeweils bei 6 bar).

Für eine optimale Strahlqualität muss der Kugelhahn ganz geöffnet werden, da es sonst zu Turbulenzen im Strahlrohr kommen und der Strahl unsymmetrisch werden kann. Verschiedene Hersteller, z. B. Elkhart Brass, Elkhart IN/USA, haben die Bohrung an der Eingangs- und Ausgangsseite des Kugelhahnkükens konisch gestaltet („angefast“). Dadurch wird der Wasserstrom bei nicht ganz geöffneter Stellung weniger gestört.

Eine andere Ausführung des Schaltorgans ist das Kegelventil. Die Strahlrohre von Task Force Tips sind mit solchen Kegelventilen ausgestattet. Es wird jedoch nicht der Kegel, sondern der Ventilsitz, der aus einem Rohr besteht, verschoben. Diese Ventile bedingen einen höheren Strömungswiderstand innerhalb des Strahlrohres, erlauben aber dafür eine Einstellung des Volumenstromes mit dem Schaltorgan.

Abbildung 14: Ausführung von Absperrorganen in halb geöffneter Stellung

2.3 Zahnkranz

Die Zahnkränze erfüllen mehrere Funktionen. Sie zerteilen den aus dem Mündungsring des Hohlstrahlrohres heraustretenden Wasserstrahl und/oder erzeugen kleinere Tröpfchen. Eine andere Funktion von Zahnkränzen kann das Füllen des Inneren des Hohlstrahles mit Wassertropfen sein. Es gibt zwei verschiedene Ausführungen von Zahnkränzen: Die eine Ausführung besteht aus fest in das Gehäuse des Strahlrohres oder den Strahlformsteller eingegossenen Erhöhungen und Vertiefungen. Diese Ausführung wird als „fester Zahnkranz“ bezeichnet. In Abhängigkeit vom Öffnungswinkel des Strahlrohres kollidiert der Wasserstrahl mit den Erhöhungen und wird an diesen aufgebrochen. Dabei kommt es bei einigen Strahlrohren zur „Fingerbildung“. Diese kann leicht beobachtet werden, wenn das Strahlrohr sehr langsam vom Vollstrahl zum feinen Sprühstrahl geöffnet wird. Für die Praxis bedeutet dies, dass der Feuerwehrangehörige nicht an jeder Stelle gleich gut durch den Wasserschleier geschützt ist. Task Force Tips, Valparaiso IN/USA, hat das Problem der Fingerbildung durch die gestaffelte Anordnung fester Zahnkränze unterschiedlichen Durchmessers gelöst. Dadurch füllt ein Zahnkranz die „Strahllücken“ des anderen aus. Nach intensiver Literaturrecherche und Gesprächen mit ausländischen Feuerwehrleuten konnte nicht festgestellt werden, ob die Fingerbildung einen signifikanten Einfluss auf die Bekämpfung von Feststoffbränden hat. Es ist aus praktischer Erfahrung des Verfassers auch unerheblich, ob einige Zähne aus den Zahnkränzen herausgebrochen sind.

Die andere Ausführung ist der „rotierende Zahnkranz“. Dieser besteht in der Regel aus einem Kunststoffring mit kleinen Zähnen. Dieser Zahnkranz beginnt bei einem bestimmten Öffnungswinkel des Strahlrohres, getrieben durch das ausströmende Wasser, zu rotieren. Seine Aufgabe ist es, die statische Fingerbildung zu verhindern und kleinere Wassertröpfchen durch „Anschneiden“ des Hohlstrahles zu erzeugen. Gleichwohl kommt es auch bei diesen Zahnkränzen zur Fingerbildung. Die Finger sind jedoch federförmig und wandern mit so hoher Geschwindigkeit um den Umfang des Hohlstrahles, dass sie mit bloßem Auge nicht wahrnehmbar sind.

Abbildung 15: „Fingerbildung“ bei Hohlstrahlrohren: Zwei Strahlrohre mit gleichem anstehendem Druck, links mit rotierendem, rechts mit festem Zahnkranz, lediglich mit unterschiedlichen Belichtungszeiten fotografiert, deutlich sind rechts die „Pfauenfedern“ des rotierenden Zahnkranzes zu erkennen.

Eine weitere Unterscheidung ergibt sich dadurch, ob der Sprühstrahlkegel des Strahlrohres mit Wassertropfen gefüllt ist oder ob er von innen hohl ist. Bei Strahlrohren mit rotierenden Zahnkränzen und hohlem Sprühkegel entsteht eine Sogwirkung, die die Flamme in den Kegel hinein in Richtung Mundstück zieht. Dieser Effekt kann als unerwünscht oder erwünscht bewertet werden, je nach Anwender: Strahlrohre mit rotierendem Zahnkranz sind z. B. zum „Einfangen“ von Gasflammen geeignet.

Zahnkränze sind zur Erzeugung eines geschlossenen, feinen Sprühstrahles nicht unbedingt erforderlich, wie die Targe-Strahlrohre des schottischen Herstellers Sword Ltd. aus Aberdeen zeigen [18]. Diese Strahlrohre sind für die Brandbekämpfung und den Aufbau von Fluchtgassen auf Ölbohrinseln entwickelt worden. Eine der üblichen „Spielereien“ bei „Ausbildungsveranstaltungen“ ist das spektakuläre „Abdrängen“ und/oder „Einfangen“ von Gasflammen (siehe Abb. 16, Abb. 68), dazu mehr in Kapitel 3.5.

Abbildung 16: „Abdrängen" einer „künstlichen" Gasflamme mit Hohlstrahlrohr (Quelle: Mats Grimsæth Forsvaret Mediarkiv)

Bei den jeweiligen Strahlrohrtypen sind Modelle der Hersteller und die zugehörigen Kennlinien wiedergegeben [vgl. auch 19]. Bei der Angabe des Strahltyps in den Abbildungen hier wie auch im nach DIN EN 15182 geforderten Datenblatt wird die vom Verfasser 2001 eingeführte Symbolik nach Abbildung 17 verwendet.

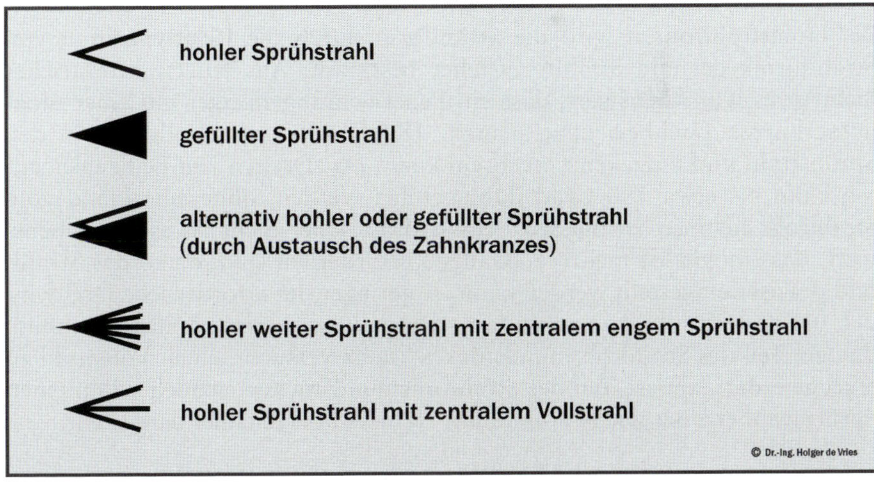

Abbildung 17: Symbole der Strahltypen

2.4 Strahlformkegel und Strahlformsteller

Strahlformsteller und Strahlformkegel sind zwei genau aufeinander abgestimmte Komponenten eines Hohlstrahlrohres, welche die Strahlform und/oder den Volumenstrom bestimmen. Strahlformsteller und Strahlformkegel sind über einen Spindeltrieb miteinander verbunden. Durch Verdrehen des Strahlformstellers wird der Strahlformkegel verschoben und damit die Öffnungsfläche der Strahlrohrmündung verändert. Bei Hohlstrahlrohren der Kategorie 1 wird dadurch der Volumenstrom verändert. In ihrer Form sind Strahlformkegel und Strahlformsteller so gestaltet, dass der Hohlstrahl unterschiedlich umgelenkt wird und sich die Strahlform ändert, wenn ihre relative Lage zueinander verändert wird. Die Art des Zusammenwirkens von Strahlformsteller und Strahlformkegel führt zu fünf verschiedenen Hohlstrahlrohrtypen, die später im Einzelnen erläutert werden. In den folgenden Abschnitten werden die verschiedenen Hohlstrahlrohre und ihr Betriebsverhalten allgemein beschrieben. Zur Verdeutlichung sind Kennlinien angegeben. Diese in schwarz-weiß dargestellten Kennlinien sind nur schematisch, so dass keine Dimensionen angegeben sind. Die tatsächlichen Kennlinien verschiedener Strahlrohre können von ihnen abweichen.

Bei Hohlstrahlrohren wird die Strahlform durch die Relativposition von Strahlformkegel und Strahlformsteller bestimmt. Aus feuerwehrtaktischer Sicht ist es wünschenswert, dass ein Feuerwehrangehöriger mit einer möglichst kurzen Drehbewegung – max. 180 Grad – vom Vollstrahl in den Sprühstrahl und umgekehrt wechseln kann. Das Drehen von Bedienelementen kann bis etwa 180 Grad durchgeführt werden, ohne eine Hand vom Strahlrohr nehmen zu müssen. Aus hydraulischer Sicht ist es wünschenswert, dass möglichst mehrere „Gänge" erforderlich sind, da so das Strahlbild präziser eingestellt werden kann. Je geringer der erforderliche Drehwinkel, um das Strahlbild zu verändern, desto „unsauberer" ist das Sprühbild, da „ein Teil des Strahlrohrmundstückes" noch versucht, einen Vollstrahl zu erzeugen, der „andere Teil des Strahlrohrmundstückes" jedoch schon einen Sprühstrahl erzeugt wie in Abbildung 18 links überzeichnet dargestellt.

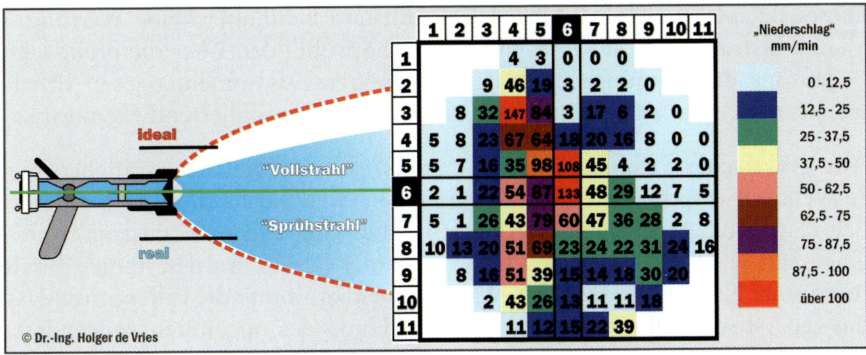

Abbildung 18: Ideales und reales Sprühbild eines Hohlstrahlrohres (überzeichnet) und schwed. Messanordung nach SS 3500 (schematisch) [mit Werten aus Handell (Lund, 2000), grafisch neu dargestellt]

In einer schwedischen Untersuchung [20] wurden Strahlbilder mit einer Messanordnung der schwedischen Strahlrohrnorm „Swedish Standard SS 3500“ aufgenommen. Bei dieser Messanordnung befinden sich Messbecher auf einem Gestell, auf das aus einer Entfernung von 3 m mit einem Strahlrohr gespritzt wird (ähnlich wie beim Sprinklertest nach VdS/CEA, nur eben nicht in der Fläche, sondern vertikal angeordnet). Es wird gemessen, wieviel Millimeter Füllstand in welcher Zeit in welchem Messbecher erreicht werden. Durch diesen Test können Asymmetrien der Strahlbilder vermessen werden, wie das Beispiel in Abbildung 18 zeigt. Bei diesem Strahlrohr in der gewählten Einstellung ist zu erkennen, dass der maximale Volumenstrom nicht – wie zu erwarten gewesen wäre – im Zentrum des Strahles, sondern mit 147 mm/min nahe dem Zentrum des linken oberen Quadranten erreicht wird. Eigentlich müssten die Sprühbilder bei allen möglichen Strahleinstellungen, z. B. in Schritten von 5° gemessen werden, da die Asymmetrie bei unterschiedlichen Einstellungen entlang des Umfangs „wandert“. Des Weiteren handelt es sich bei dem dargestellten Beispiel um eine Einzelmessung: Für statistisch abgesicherte Werte müssten mehrere Messungen unter identischen Bedingungen durchgeführt werden. In Abhängigkeit von den Fertigungstoleranzen können außerdem die Werte von baugleichen Strahlrohren variieren.

Dieses Beispiel wurde willkürlich gewählt und beinhaltet keine Wertung – alle Hohlstrahlrohre haben asymmetrische Sprühbilder. Über die praktische Bedeutung der Asymmetrie bzw. einen direkten Zusammenhang zur Effizienz bei der Brandbekämpfung gibt es (noch) keine gesicherten Erkenntnisse.

Aus praktischer Erfahrung des Verfassers und aus vielen Gesprächen mit Anwendern verschiedener Strahlrohre im In- und Ausland, scheint es letztlich egal, welcher spezielle Typ oder welche Bauart eines Hohlstrahlrohres eingesetzt wird. Vorteile eines Typs oder einer Bauart werden immer durch bestimmte Nachteile „erkauft“. Wahr bleibt aber immer die Erkenntnis, dass das teuerste Strahlrohr wertlos ist in der Hand des ungeübten Anwenders. Die Beschaffung und Verwendung von Strahlrohren sollte daher einheitlich erfolgen und der Umgang mit ihnen muss ausgebildet werden. Ein erfahrener Strahlrohrführer mit einem „einfachen“ Strahlrohr wird einem ungeübtem, der nicht einmal weiß, wofür die vielen Ringe und Hebel an seinem Strahlrohr eigentlich gut sind, immer überlegen sein. Der Verfasser empfiehlt außerdem, bei der Beschaffung von Hohlstrahlrohren zunächst im unteren Mittelfeld der Preisskala zu bleiben und Strahlrohre auszuwählen, die ggf. auch am Standort selbst gewartet und instand gesetzt werden können. Eine kostenlose Unterweisung eines Gerätewartes in der Wartung der Strahlrohre sollte in jedem Fall eingefordert werden. Beachtet werden sollte auch, ob für die Strahlrohre ggf. nichtmetrisches Werkzeug erforderlich ist und ob dieses Werkzeug kostengünstig durch den Strahlrohrhersteller oder seinen Repräsentanten beschafft werden kann.

2.5 Hohlstrahlrohre der fünf Funktionskategorien

In Tabelle 1 werden deutsche bzw. europäische und amerikanische Typenbezeichnungen gegenübergestellt.

Hinweis: Hier werden bereits die 2017 festgelegten und etwas ausführlicheren Kategoriebeschreibungen verwendet, als in DIN EN 15182 Stand 2007.

Tabelle 1: Bauartbezeichnungen von Strahlrohren

	Funktionskategorie nach DIN EN 15182-1 Anhang A	**Amerikanische Bezeichnungen**
1	Funktionskategorie 1: Hohlstrahlrohre mit variabler Strahlform bei variablem Volumenstrom	single gallonage – variable flow
2	Funktionskategorie 2: Hohlstrahlrohre mit variabler Strahlform bei konstantem Volumenstrom	single gallonage – constant flow
3	Funktionskategorie 3: Hohlstrahlrohre mit variabler Strahlform bei konstantem, einstellbaren Volumenstrom	adjustable gallonage – constant flow
4	Funktionskategorie 4: Hohlstrahlrohre mit variablem Volumenstrom bei konstantem Druck	constant pressure – variable flow (automatics)
4.1	Funktionskategorie 4.1: Hohlstrahlrohre mit variabler Strahlform (bei konstantem (Strahlrohr-)Druck)	constant pressure – variable flow (automatics) (wird z. Zt. noch nicht differenziert)
4.2	Funktionskategorie 4.2: Hohlstrahlrohre mit variabler Strahlform und einstellbarem Volumenstrom (bei konstantem (Strahlrohr-) Druck)	constant pressure – variable flow (automatics) (wird z. Zt. noch nicht differenziert)
(5)	(vermutlich zukünftig:) Funktionskategorie 5: Hohlstrahlrohre mit variablem Druck bei konstantem Volumenstrom (wird z. Zt. noch nicht klassifiziert)	(wird z. Zt. noch nicht klassifiziert)

2.5.1 Funktionskategorie 1: Hohlstrahlrohre mit variabler Strahlform bei variablem Volumenstrom

Diese Strahlrohre sind die einfachste Ausführung von Hohlstrahlrohren. Sie sind daran zu erkennen, dass sie über kein Schaltorgan, sondern nur über einen drehbaren Handschutz bzw. ein drehbares Mundstück verfügen. Wird das Strahlrohr aus geschlossenem Zustand heraus geöffnet, so ist das erste Strahlbild entweder ein feiner Sprühstrahl, der bei weiterem Drehen über einen Sprühstrahl zum Vollstrahl übergeht, oder die Strahlformen können in umgekehrter Reihenfolge eingestellt werden. Der Volumenstrom durch das Strahlrohr ändert sich dabei in Abhängigkeit vom Öffnungszustand des Strahlrohres und somit je nach verwendetem Strahl. Es ist vom Fabrikat des Strahlrohres abhängig, bei welchem Strahl der größte Volumenstrom erfolgt. In Abbildung 20 ist dies durch drei unterschiedliche Kennlinien („Typ A", „Typ B", „Typ C") angedeutet.

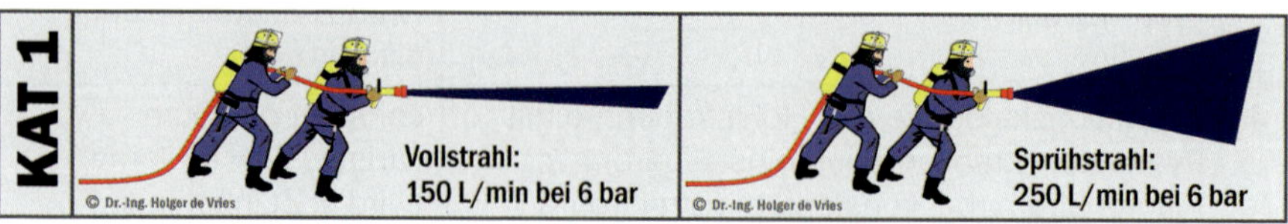

Abbildung 19: Betriebsverhalten eines Hohlstrahlrohres mit variabler Strahlform bei variablem Volumenstrom

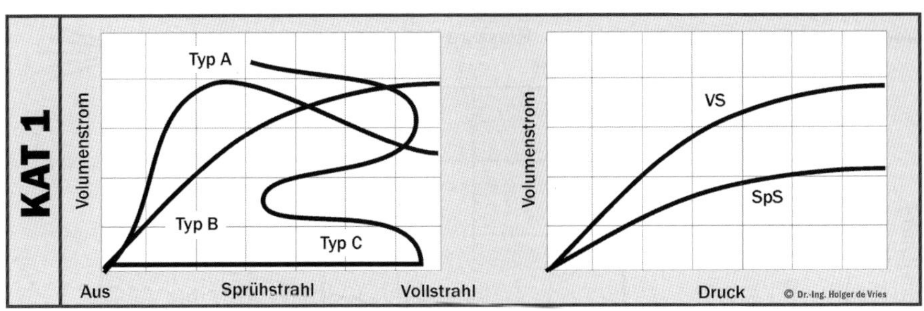

Abbildung 20: Typische Kennlinien für Hohlstrahlrohre mit variabler Strahlform bei variablem Volumenstrom

In Tabelle 2 sind beispielhaft die Leistungsdaten des Variojet-Strahlrohres der Fa. Vogt AG, Oberdiessbach/Schweiz wiedergegeben. Im Unterschied zu den schematischen Kennlinien in Abbildung 20 ist der Volumenstrom in diesem Strahlrohr beim Sprühstrahl stets höher als beim Vollstrahl. Als Besonderheit verfügt der Variojet über eine Mannschutzbrause, die zu jeder anderen Strahlart durch Verschieben des Strahlformstellers zugeschaltet werden kann.

Tabelle 2: Leistungsdaten des Variojet-Strahlrohres [21]

	Volumenstrom in L/min bei:			
Strahlrohr-eingangs-druck [bar]	Vollstrahl	Vollstrahl mit Mann-schutzbrause	Sprühstrahl	Sprühstrahl mit Mann-schutzbrause
6	140	195	150	207
8	165	228	176	238
10	185	255	195	265

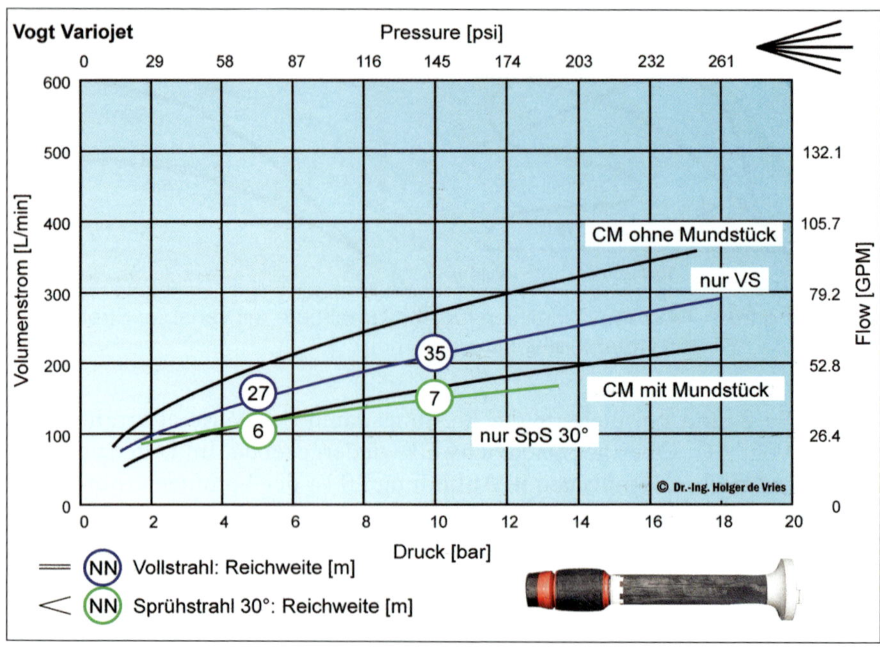

Abbildung 21: Kennlinie des Strahlrohres „Vogt Variojet“

Eine andere Besonderheit weisen die Hohlstrahlrohre von Typ Feather Lite 20-95 der Fa. Cordova Fire Equipment Co., Rancho Cordova CA/USA auf: Beim Öffnen des Strahlrohres wird zunächst ein Vollstrahl mit einer Leistung von 76 L/min (20 GPM) abgegeben. Beim weiteren Verdrehen des Strahlformstellers folgen ein Sprühstrahl mit 76 L/min, dann ein Vollstrahl mit 360 L/min (95 GPM) und schließlich ein Sprühstrahl mit 360 L/min (95 GPM). Die Kennlinie dieser Strahlrohre ist als „Typ C“ in Abbildung 20 angedeutet.

Abbildung 22: Hohlstrahlrohr von Typ Feather Lite 20-95 der Fa. Cordova Fire Equipment Co., Rancho Cordova CA/USA, das Strahlrohr ist teilbar, vgl. Abbildung 13 unten

Abbildung 23 zeigt beispielhaft am Unifighter-10C-Strahlrohr, mit wie wenigen Komponenten diese Strahlrohrtypen auskommen können und dabei dem Strahlrohrführer trotzdem alle Strahlformen vom feinen Sprühstrahl bis vom Vollstrahl ermöglichen.

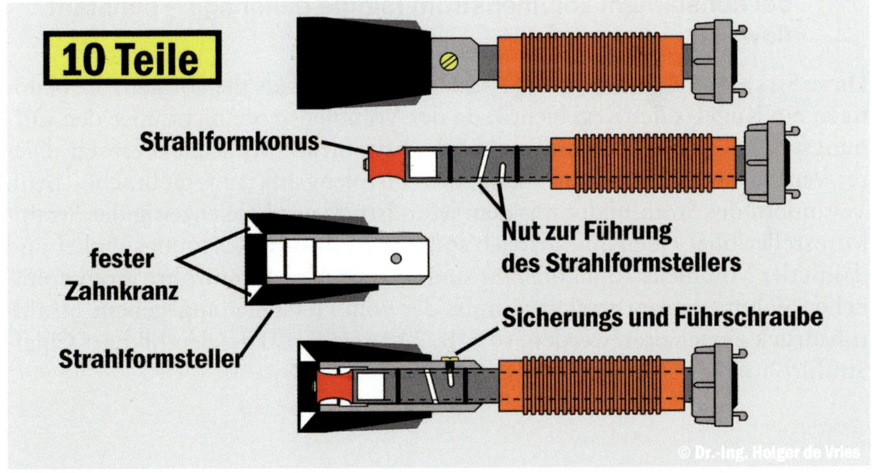

Abbildung 23: Unifighter 10C – zusammengebaut, zerlegt und im Teilschnitt

Abbildung 24: Teleskopmastfahrzeug mit Schnellangriffseinrichtung (vermutlich nach oder in Anlehnung an EN 671) aus formstabilem Schlauch und Unifighter-Strahlrohr am Korb

2.5.2 Funktionskategorie 2: Hohlstrahlrohre mit variabler Strahlform bei konstantem Volumenstrom (single gallonage – constant flow)

Diese Strahlrohre sind in ihrem Aufbau komplexer als die vorigen. Sie benötigen ein Kugel- oder Kegelventil, da der Volumenstrom nicht über den Öffnungswinkel des Strahlrohrmundstücks bzw. Strahlformstellers erfolgt. Diese Ventile sind i. d. R. in Höhe des Pistolengriffs untergebracht. Beim Verändern des Strahlbildes mit dem Mundstück wird gleichzeitig der Strahlformsteller über einen Spindeltrieb so bewegt, dass der Öffnungswinkel und damit der Volumenstrom konstant sind. Damit diese Strahlrohre ihren nominellen Volumenstrom erreichen, muss der vom Hersteller angegebene Strahlrohrdruck eingehalten werden, so z. B. 7 bar (100 psi) bei den Elkhart Chief-Strahlrohren.

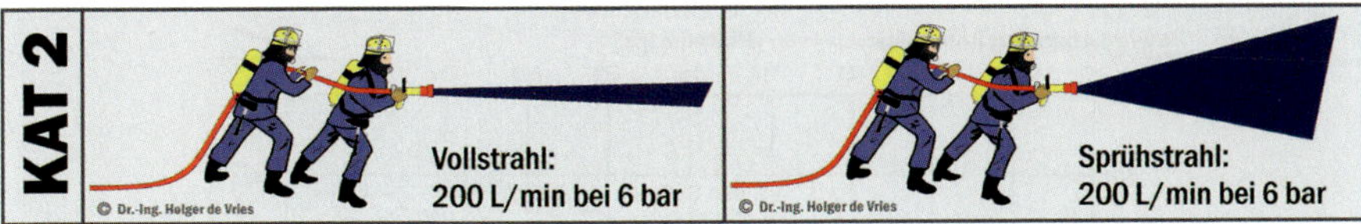

Abbildung 25: Betriebsverhalten eines Strahlrohrs mit variabler Strahlform bei konstantem Volumenstrom

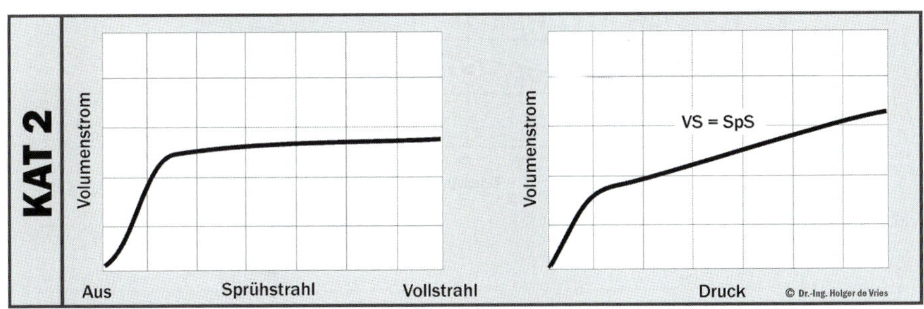

Abbildung 26: Typische Kennlinien eines Strahlrohres mit variabler Strahlform bei konstantem Volumenstrom

In Abbildung 26 (linkes Diagramm) wird angedeutet, dass der Volumenstrom meistens nicht ganz unabhängig von der Strahlart ist, bei jeder Strahlart aber mit zunehmendem Druck steigt (rechtes Diagramm).

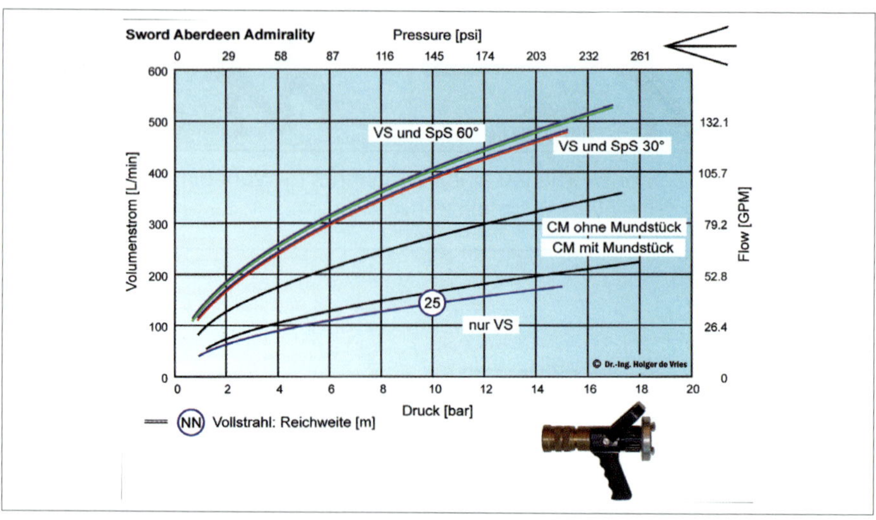

Abbildung 27: Kennlinie des Strahlrohres „Sword Aberdeen Admirality“

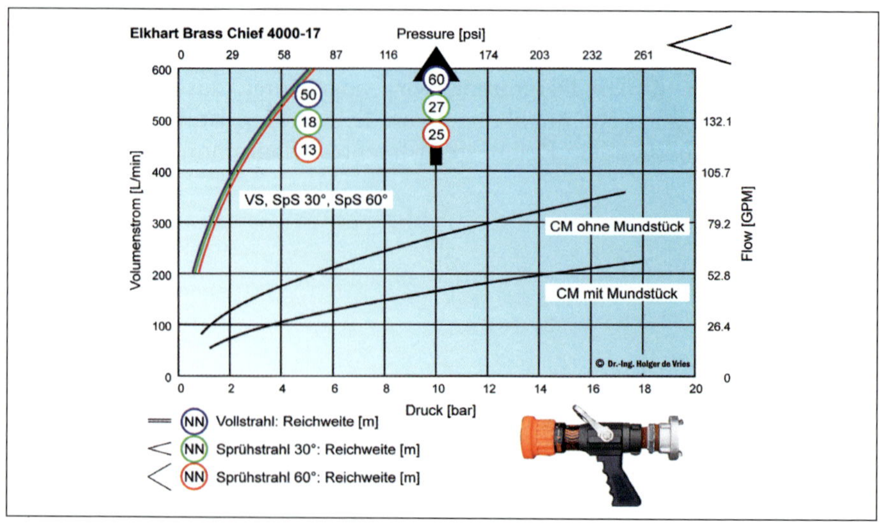

Abbildung 28: Kennlinie des Strahlrohres „Elkhart Brass Chief 4000-17“

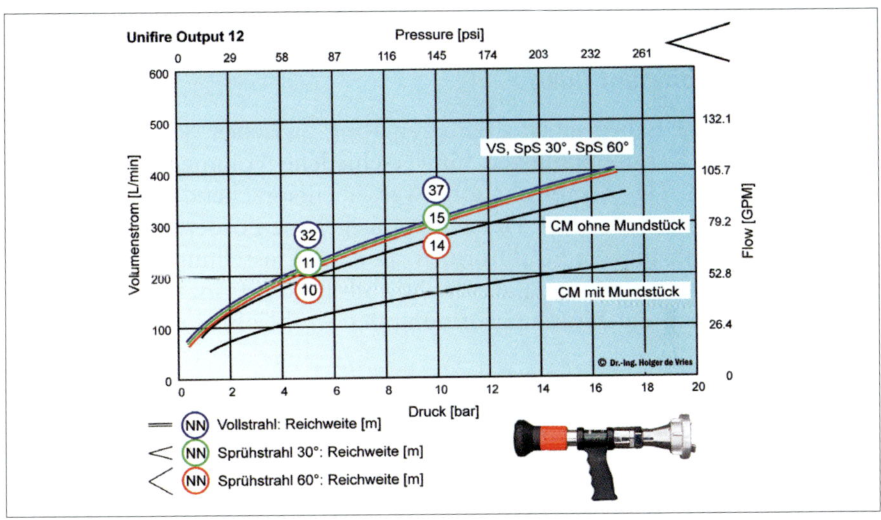

Abbildung 29: Kennlinie des Strahlrohres „Unifire Output 12"

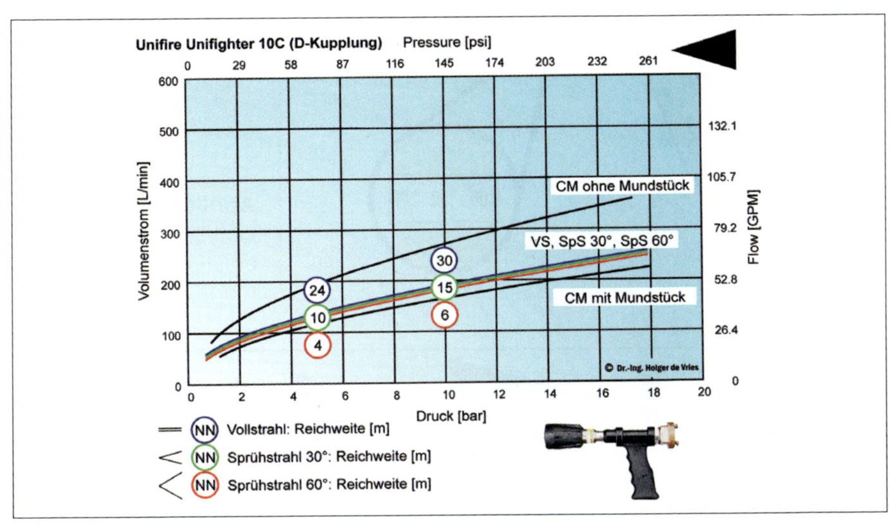

Abbildung 30: Kennlinie des Strahlrohres „Unifire Unifighter 10C"

2.5.3 Funktionskategorie 3: Hohlstrahlrohre mit variabler Strahlform bei konstantem, einstellbaren Volumenstrom (adjustable gallonage – constant flow)

Diese Strahlrohre haben einen drehbaren Ring zwischen Schaltorgan und Mundstück mit Kennzeichnungen für verschiedene Volumenströme (Volumenstromsteller). Das Strahlrohr gibt Wasser entsprechend der gewählten Einstellung ab, wenn der vom Hersteller angegebene Förderdruck eingehalten wird. Dies gilt für alle Strahlformen. Je nach Einstellung des Volumenstromstellers wird die relative Lage des Strahlformkegels im Gehäuse verändert, wodurch sich die Mündungsöffnung des Strahlrohres vergrößert oder verkleinert.

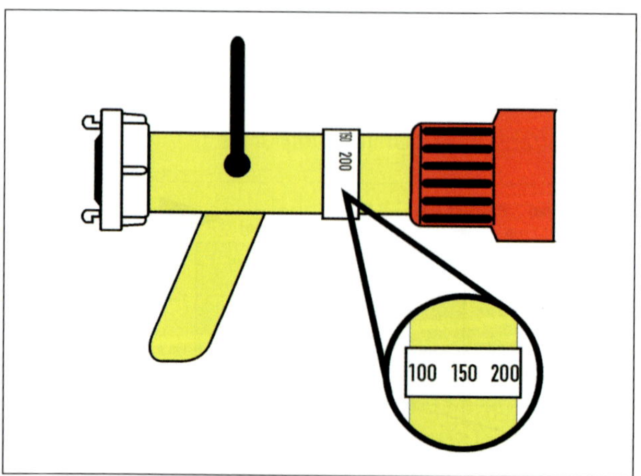

Abbildung 31: Hohlstrahlrohr mit einstellbarem Volumenstrom

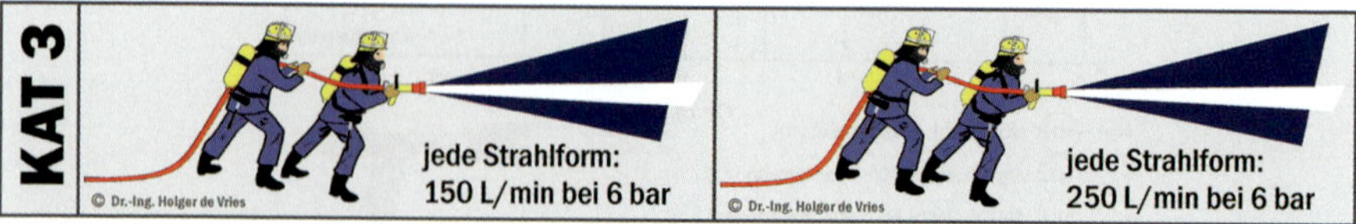

Abbildung 32: Betriebsverhalten eines Hohlstrahlrohres mit variabler Strahlform bei konstantem, einstellbaren Volumenstrom

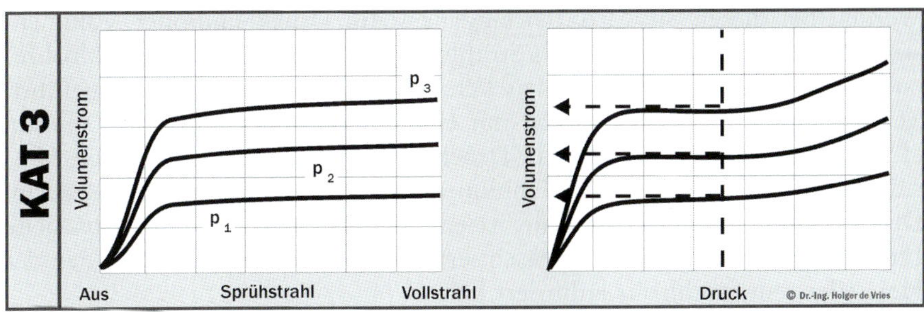

Abbildung 33: Typische Kennlinien für ein Hohlstrahlrohr mit variabler Strahlform bei konstantem, einstellbarem Volumenstrom

Abbildung 34: AWG Turbospritze Gold mit Volumenstromeinstellmöglichkeiten von 130, 235 und 400 L/min., seewasserbeständig bei 2,4 kg Masse (Quelle: Werkfoto AWG)

Werden bei diesen Strahlrohren eingangsseitig Druck und/oder Volumenstrom verändert, so versucht das Strahlrohr, der Einstellung des Strahlrohres zu folgen. Fornell [22] hat dazu Versuche und Messungen durchgeführt. Verwendet wurde ein Strahlrohr mit einem Volumenstrom mit 570 L/min (150 GPM) bei 6,8 bar (100 psi) Druck. Die von Fornell gemachten Messungen können anhand der Kennlinien leicht nachvollzogen werden. Im Druck-Volumenstrom-Diagramm ist ein bestimmter Druck als gestrichelte Linie eingezeichnet. Dieser repräsentiert den nominellen Druck, auf den der Hersteller sein Strahlrohr kalibriert hat.

Wird das Strahlrohr mit einer Einstellung von 570 L/min am Volumenstromsteller verwendet, so stimmt bei 6,8 bar die tatsächliche Wasserabgabe mit der Herstellerangabe überein. Der Strahlrohrführer kann nun dazu verleitet sein zu glauben, die Wasserabgabe des Strahlrohres über den Volumenstromsteller genau einstellen zu können. Dies ist nicht richtig. Schaltet der Strahlrohrführer das Strahlrohr von 570 L/min auf einen Volumenstrom von 360 L/min (95 GPM) um, geht der Volumenstrom nicht auf 360 L/min, sondern nur auf 405 L/min zurück. Dabei steigt der Strahlrohrdruck auf 8,8 bar (127 psi). Die Rückstoßkraft verringert sich von 340 Newton (76 lbs) auf 250 Newton (57 lbs), was dem Strahlrohrführer anzeigt, dass der Volumenstrom verringert worden ist. Der Strahlrohrführer kann auch versuchen, den Volumenstrom zu steigern, indem er den Volumenstromsteller auf eine höhere Einstellung verdreht. Schaltet der Strahlrohrführer sein Strahlrohr von 570 L/min auf einen Volumenstrom von 760 L/min (200 GPM), so steigt der Volumenstrom tatsächlich nur auf 670 L/min (177 GPM). Dabei nimmt die Rückkraft um 20 Newton auf 360 Newton zu. Der Strahlrohrdruck verringert sich auf 5,6 bar (81 psi). Tabelle 3 auf Seite 48 gibt diese Daten übersichtlich wieder:

Tabelle 3: Messungen an einem Strahlrohr mit konstantem Volumenstrom [nach Fornell]

Nomineller Volumenstrom des Strahlrohres: 570 L/min bei 6,8 bar			
Einstellung des Volumen-stromreglers [L/min]	**Tatsächlicher Volumenstrom [L/min]**	**Tatsächlicher Strahlrohrdruck [bar]**	**Rückkraft [N]**
570	570	6,8	340
360	405	8,8	250
760	670	5,6	360

Es ist also festzustellen, dass das Strahlrohr versucht, dem eingestellten Volumenstrom zu folgen, es jedoch nicht schafft. Wie und in welchem Ausmaß ein Strahlrohr auf eine – an sich falsche – Einstellung eines Volumenstromstellers reagiert, ist vom jeweiligen Typ abhängig. Die durchgeführten Versuche zeigen, dass eine sorgfältige Abstimmung zwischen Maschinist und Angriffstrupps erforderlich ist, um die Strahlrohre optimal einzusetzen. Dies ist besonders wichtig, wenn mehrere Strahlrohre über einen Verteiler gespeist werden, vgl. auch [42].

Das Hohlstrahlrohr „Style 1700 Bush Nozzle“ der Fa. Akron Brass mit drei Volumenstromeinstellungen (30, 60, 115 L/min bei 7 bar Druck, maximaler Arbeitsdruck 17 bar) dient als Beispiel für die „Übermechanisierung“ vieler Hohlstrahlrohre, die sich üblicherweise auch in der Masse und im Preis niederschlägt. Während die Unifire-C[onstant]-Strahlrohre mit zehn Komponenten auskommen, braucht es beim Style 1700 fünf Mal so viele Teile (siehe Abb. 35). Der Einzelpreis beträgt bei Händlern im Internet rund 600 Dollar. Jetzt könnte man über Wartung, Reparatur und Ersatzteilvorhaltung diskutieren. Der Hersteller selbst beschreibt dieses Strahlrohr folgendermaßen:

“The style # 1700 Aussie bush nozzle was specifically designed for the Australian Bush. Lightweight and compact, this nozzle has an integral shut off and quick action pattern adjustment. Featuring 3 select flows of 25-60-115 lpm @700 kpa plus flush.”

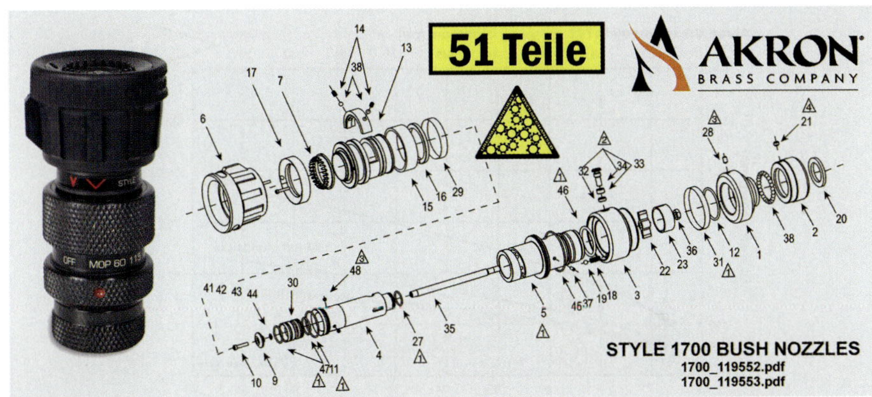

Abbildung 35: Explosionszeichnung eines „Style 1700 Bush Nozzle“ der Fa. Akron Brass

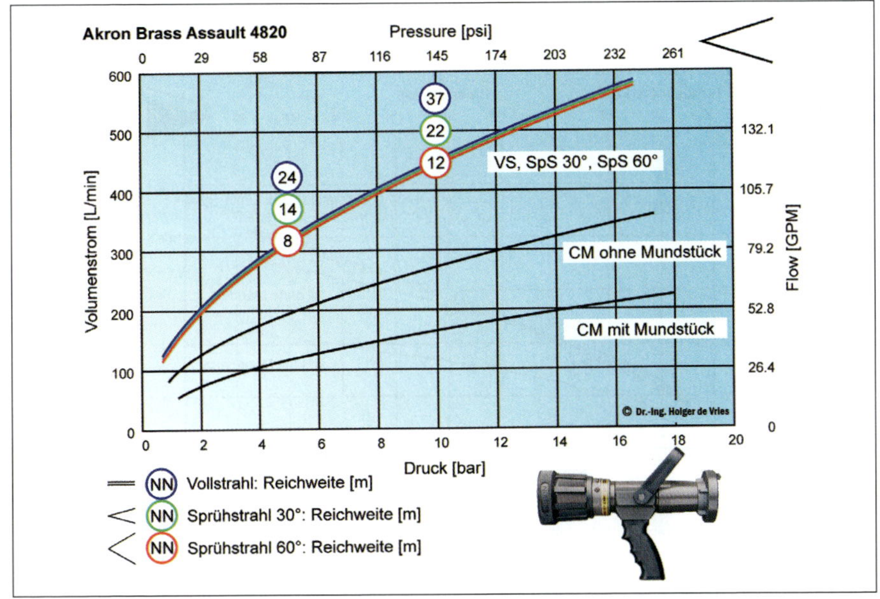

Abbildung 36: Kennlinie des Strahlrohres „Akron Brass Assault 4820“

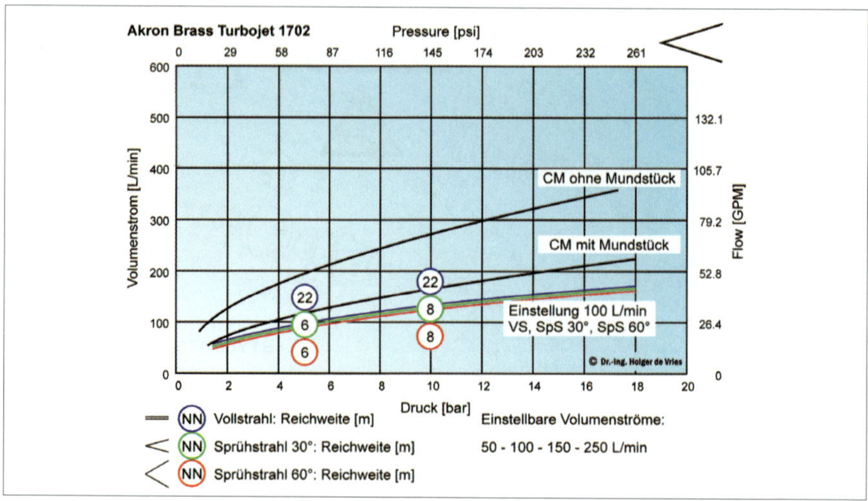

Abbildung 37: Kennlinie des Strahlrohres „Akron Brass Turbojet 1702"

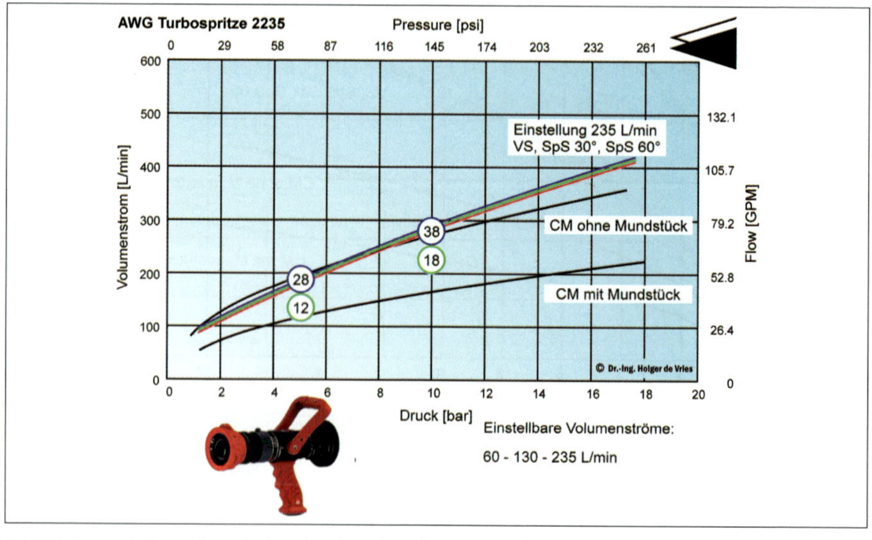

Abbildung 38: Kennlinie des Strahlrohres „AWG Turbospritze 2235"

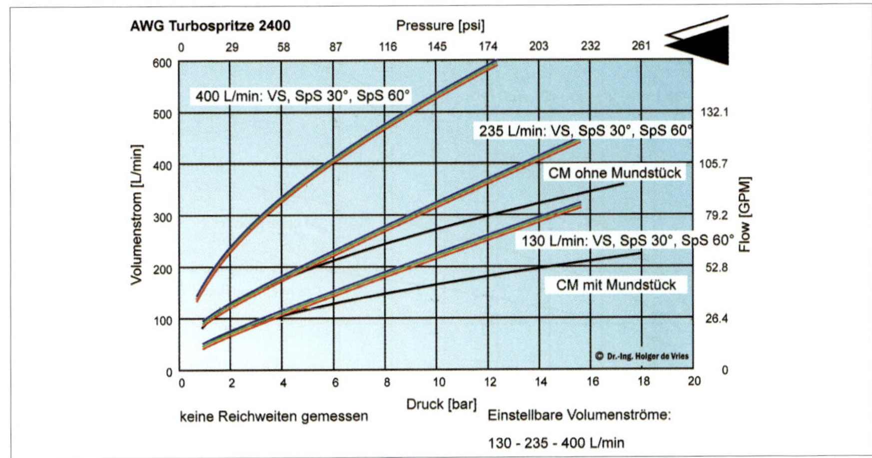

Abbildung 39: Kennlinie des Strahlrohres „AWG Turbospritze 2400"

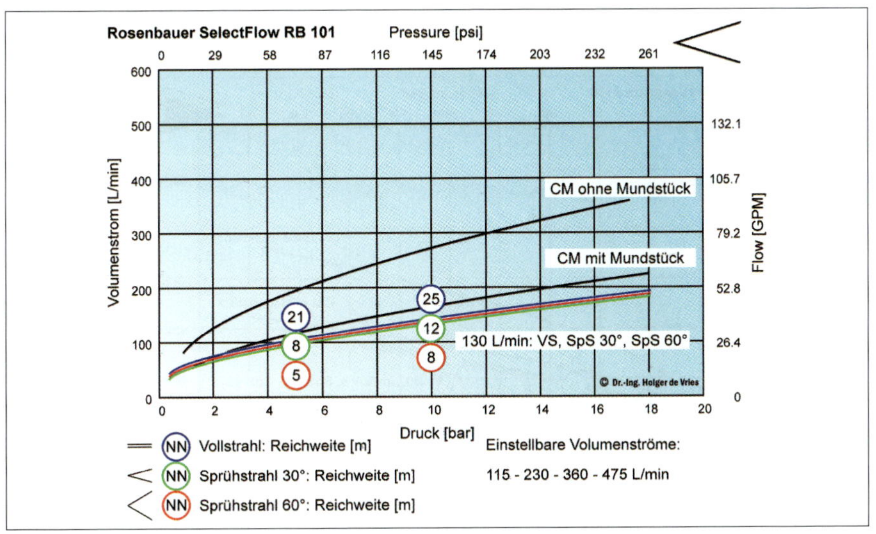

Abbildung 40: Kennlinie des Strahlrohres „Rosenbauer SelectFlow RB 101"

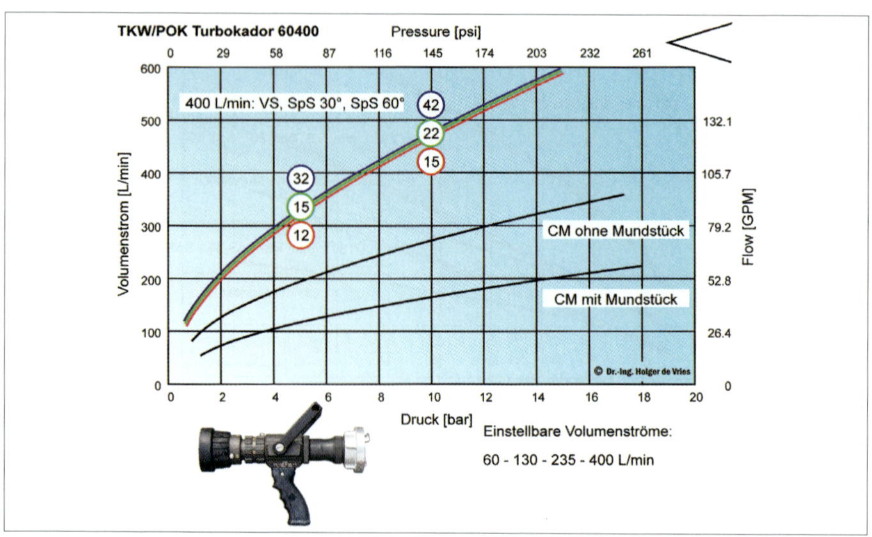

Abbildung 41: Kennlinie des Strahlrohres „TWK/POK Turbokador 60400“

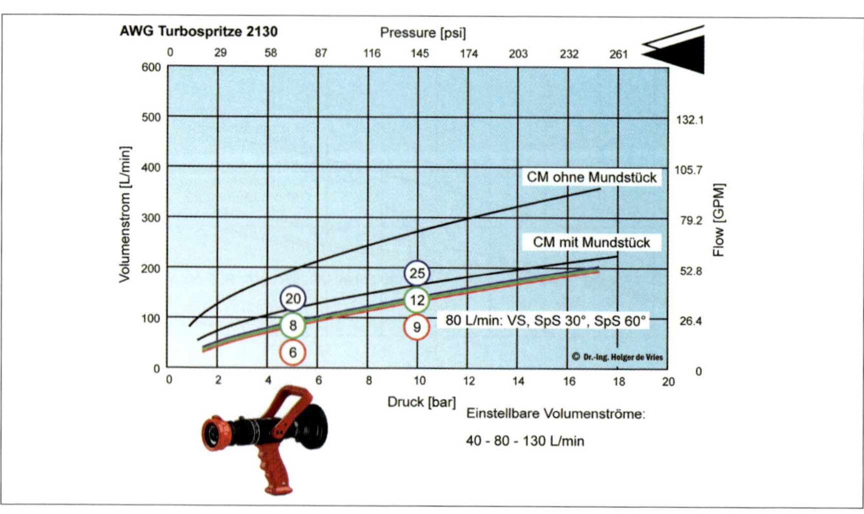

Abbildung 42: Kennlinie des Strahlrohres „AWG Turbospitze 2130“

2.5.4 Funktionskategorie 4: Hohlstrahlrohre mit variablem Volumenstrom bei konstantem (Strahlrohr-)Druck (constant pressure – variable flow) (automatics)

Diese Strahlrohre werden im allgemeinen Sprachgebrauch „automatische“ Strahlrohre genannt. Sehr verbreitet sind inzwischen die Typen „Fogfighter“ von Tour & Andersson AB, „Select-O-Matic“ von Elkhart Brass, „Ultimatic“ von Task Force Tips. Der Fogfighter ist ein Zwitter zwischen automatischen Strahlrohren und den Strahlrohren mit einstellbarem Volumenstrom des vorigen Abschnitts, da über die Stellungen seines Kugelhahns zwei verschiedene Volumenströme eingestellt werden können. Automatische Strahlrohre haben – unter konstantem Druck und konstanten Wasserförderbedingungen (stationärer Fall) – den gleichen Volumenstrom bei allen Strahlarten. Es werden zwei Unterkategorien unterschieden:

Funktionskategorie 4.1: Hohlstrahlrohre mit variabler Strahlform bei konstantem (Strahlrohr-)Druck

Funktionskategorie 4.2: Hohlstrahlrohre mit variabler Strahlform und einstellbarem, konstantem Volumenstrom bei konstantem (Strahlrohr-)Druck, von denen der Kategorie 4.1 durch eine Einstellmöglichkeit für den Volumenstrom zu unterscheiden

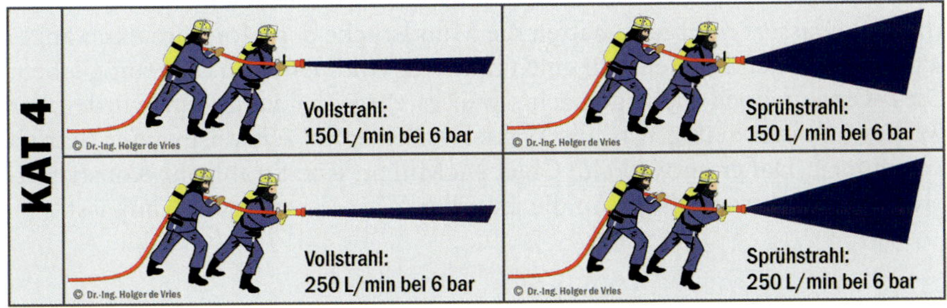

Abbildung 43: Betriebsverhalten von Hohlstrahlrohren mit variablem Volumenstrom bei konstantem Druck

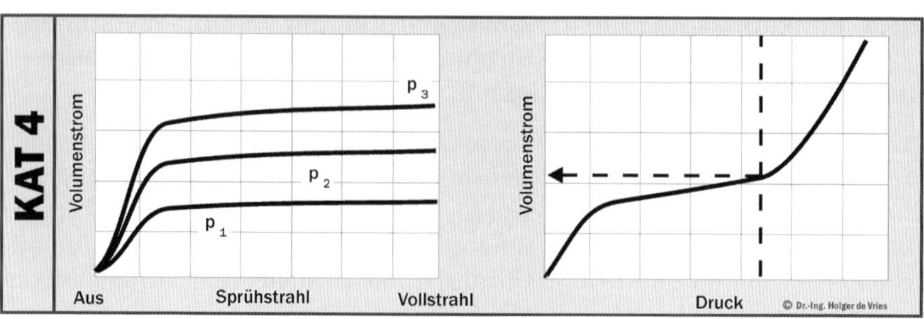

Abbildung 44: Typische Kennlinien von Hohlstrahlrohren mit variablem Volumenstrom bei konstantem Druck

Um die Funktionsweise zu verstehen, ist eine Kenntnis ihrer Entwicklungsgeschichte hilfreich [23]. In den 1960er Jahren war Chief Clyde McMillian Leiter einer überörtlichen Freiwilligentruppe, der „Gary Fire Task Force“ in Indiana/USA. Diese Einheit wurde bei Großbränden überörtlich eingesetzt und verwendete zu dieser Zeit tragbare Wasserwerfer, die – ähnlich wie Wenderohre deutscher Drehleitern – abschraubbare Mundstücke verschiedener Durchmesser hatten. Es zeigte sich jedoch, dass die Wasserversorgung in der Anfangsphase der Bekämpfung von Großbränden oft nicht leistungsfähig genug war, diese großkalibrigen Wasserwerfer ausreichend mit Wasser zu versorgen, und eine effektive Reichweite zu ermöglichen. Um also eine befriedigende Reichweite der Monitore zu erzielen, wurden zunächst kleine Mundstücke verwendet. Im weiteren Verlauf des Einsatzes und bei ausreichender Wasserversorgung hätten die Mundstücke der Monitore dann abgeschraubt werden können, um einen höheren Volumenstrom zu ermöglichen. Dies wurde jedoch nicht gemacht, weil es entweder vergessen wurde oder weil es unzweckmäßig war, die Wasserwerfer dafür zeitweise außer Betrieb zu nehmen. Daher entwickelte Chief McMillian eine Strahlrohr-Konstruktion, die sich „automatisch“ an die jeweilige Wasserversorgung „anpasst“.

Abbildung 45: „Gary Task Force" im Einsatz

Um eine ausreichende Reichweite zu erzielen, ist der Strahlrohrdruck von entscheidender Bedeutung. Daher muss die Mundstücköffnung bei niedrigen Volumenströmen zunächst klein gehalten werden und kann bei großen Volumenströmen entsprechend weiter geöffnet werden. Dies wird bei automatischen Strahlrohren dadurch erreicht, dass der Strahlformkegel mit dem Strahlformsteller nicht direkt, sondern über eine Zylinderfeder oder über ein Zylinderfederpaket verbunden ist. Entsprechend der Kennlinie der Zylinderfeder folgt nun die Öffnung des Strahlrohrmundstücks dem Strahlrohrdruck, wobei die Strahlform beibehalten wird. So ist nun geklärt, dass der Begriff „automatisch" sich auf den Strahlrohrdruck und damit auf die Strahlform bezieht. Dies bedeutet gleichzeitig, dass ein Teil des Wasserdrucks verwendet wird, um mechanische Arbeit zu verrichten, um den Ringspalt des Strahlrohres oder Werfers gegen die Federkraft zu öffnen, wodurch sich die Reichweite des Strahls verringert. Wenn seitens der Wasserversorgung ausreichend Wasser bei adäquatem Druck zur Verfügung steht, mag dies als „hinnehmbarer Verlust" durchgehen. Für handgeführte Strahlrohre ist dies allerdings absurd:

- Automatische Strahlrohre brauchen einen bestimmten Mindestdruck, in der Regel 6 bar (Europa) oder 7 bar (USA), um richtig zu arbeiten. Dieser Ansprechdruck des Federpaketes ist in Abbildung 44 an dem Knick des Druck-Volumenstrom-Diagramms zu erkennen.
- Bei Abweichungen vom nominellen Druck ist das Ausmaß der Volumenstromänderung abhängig vom jeweiligen Typ und Hersteller.

- Automatische Strahlrohre gleichen den Druck, nicht aber den Volumenstrom aus (sie können natürlich kein Wasser erzeugen!) – somit ist das Strahlbild auch bei geringem Volumenstrom optisch oft befriedigend, wenngleich dieser für eine effektive Brandbekämpfung vielleicht nicht ausreichend ist. Das Strahlbild ist somit für den Strahlrohrführer kein ausreichendes Indiz für den Volumenstrom. Hier ist eine sorgfältige Abstimmung zwischen Angriffstrupps und Maschinisten erforderlich.
- Es kann zu Problemen kommen, wenn automatische und nichtautomatische Strahlrohre, z. B. über einen Verteiler gemeinsam gespeist werden. Ist der vom nichtautomatischen Strahlrohr erzeugte Staudruck höher als der vom Federpaket des automatischen Strahlrohres ausgeübte, öffnet sich das Mundstück des automatischen Strahlrohres. Dadurch steigt der Volumenstrom am automatischen Strahlrohr und sinkt am nicht automatischen Strahlrohr, bis sich ein Gleichgewicht einstellt. Wenn jedoch der Staudruck am nichtautomatischen Strahlrohr niedriger ist als der des automatischen Strahlrohres, schließt sich die Mündungsöffnung des automatischen Strahlrohres und der Volumenstrom wird verringert. Stattdessen fließt mehr Wasser durch das nichtautomatische Strahlrohr, bis sich wiederum ein Gleichgewicht einstellt.
- Das Löschwasser wird den Weg des geringsten Widerstandes gehen, welches im schlimmsten Fall dazu führen kann, dass der Volumenstrom einer Angriffsleitung so herabgesetzt wird, dass eine sinnvolle Brandbekämpfung nicht mehr möglich ist. Dasselbe Problem tritt auf, wenn automatische Strahlrohre unterschiedlichen Kalibers gemeinsam versorgt werden, da die Federpakete unterschiedliche Federkonstanten haben. Es ist am sichersten, eigene Versuche mit den vorhandenen Strahlrohren durchzuführen oder nur einen Strahlrohrtyp zu verwenden, vgl. auch [42].
- Einen ähnlichen Konflikt kann es zwischen einer automatischen Pumpendruckregelung (APDR) an der Feuerlöschkreiselpumpe des Fahrzeugs und automatischen Strahlrohren geben. Es sei angenommen, eine Feuerlöschkreiselpumpe mit APDR versorgt drei automatische Strahlrohre mit einem Volumenstrom von je 200 L/min über einen Verteiler. Wird nun eins der Strahlrohre geschlossen, so müsste eigentlich die APDR anspringen und die Pumpenleistung reduzieren, so dass der Volumenstrom der beiden noch geöffneten Strahlrohre weiterhin jeweils 200 L/min be-

trägt. Je nach Kennlinie der Zylinderfeder des Strahlrohres und Trägheit bzw. Totzeit der APDR kann es möglich sein, dass die APDR nicht reagiert und die 200 L/min des geschlossenen Strahlrohres auf die geöffneten Strahlrohre umverteilt werden, so dass jetzt jedes 300 L/min abgibt. Es kann dadurch zu gefährlichen Situationen kommen, da die Angriffstrupps höheren Strahlrohr-Rückkräften ausgesetzt werden. Das ist bei den genannten Volumenströmen und einer FP 16/8 bzw. FPN 10-2000 nicht unbedingt problematisch, weil heute i. d. R. genug Reserven in der Pumpe und dessen Antrieb sind. Betrachtet man jedoch z. B. eine FP 8/8 oder 10/1000 mit z. B. zwei B-Automatikstrahlrohren und einem Volumenstrom von jeweils 400 bis 600 L/min, wird das ebenso kritisch wie bei einer FP 16/8 bzw. FPN 10-2000 mit einem tragbaren Monitor neben einem B-Rohr und einem leistungsstarken C-Hohlstrahlrohr, jeweils in Automatikversionen.

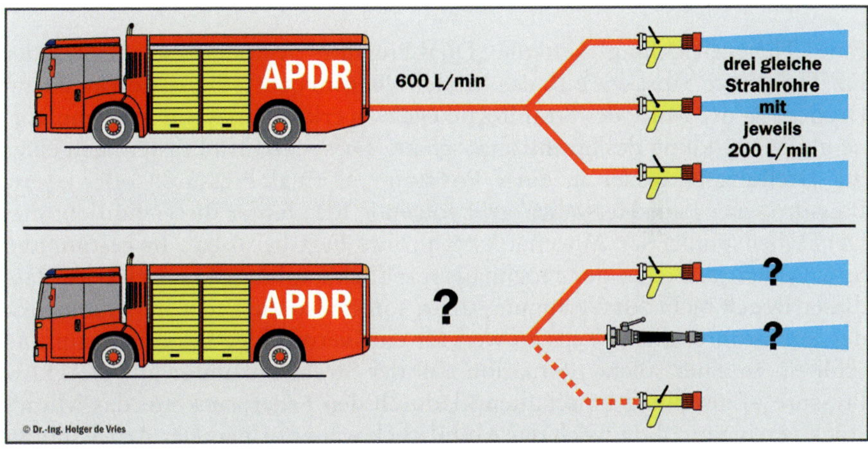

Abbildung 46: Das Zusammenwirken automatischer Strahlrohre und automatischer Pumpendruckregelungen muss berücksichtigt werden.

- Wird der Strahlrohrdruck überhöht, so kommt es beim Vollstrahl zum Überkreuzen der Randstrahlen und zum Zerstäuben des Strahles („cross-over").
- Der „Staudruck" des Strahlrohres kann verhindern, dass Schaummittel mit einem Z-Zumischer angesaugt wird.

Abbildung 47:
„Automatik"-Strahlrohr TFT-BerlinForce, Volumenstrom 100 bis 400 L/min (Welcher Druck muss an der Pumpe gefahren werden, um bei halb aufgehaspeltem Schnellangriffschlauch am Strahlrohr noch 6 bar Druck und 400 L/min Volumenstrom zu haben?) und Kugelhahn – zum Verlängern des Schnellangriffschlauchs durch C-Flachschlauch...

Eine „Neuentwicklung" sind die „Dual Pressure" Automatikstrahlrohre der Fa. Task Force Tips, wie z.B. das Modell „BerlinForce". Diese sind an einem Drehrad in der Mitte des Strahlformkegels zu erkennen, wenn man von vorne in die Mündung des Strahlrohrs schaut. Dieses Drehrad rastet nach einer 90°-Drehung entweder in einer Position „Normal Pressure" oder „Low Pressure" ein. Laut Hersteller steht folgende Idee hinter dieser Einrichtung: Der Arbeitspunkt der Automatikstrahlrohre liegt bei 6 bar. In bestimmten Situationen (z. B. bei der Hochhausbrandbekämpfung) kann es sein, dass dieser Druck nicht zur Verfügung steht, somit also die Feder im Mundstück des Strahlrohres dieses Typs zu weit für eine vernünftige Brandbekämpfung schließt. In einer solchen Situation soll der Strahlrohrführer auf die „Low Pressure"-Einstellung umschalten, dadurch den Federdruck auf das Mundstück verringern, damit sich das Mundstück weiter öffnet. Der Arbeitspunkt des Strahlrohres liegt dann bei 3 bar. Nach dem Brand in den „Grenfell Towers" in London im Juni 2017 wurde den Einsatzkräften der Feuerwehr Hamburg empfohlen, bei Hochhauslagen vorsichtshalber ein CM-Strahlrohr zusätzlich zum „HamburgForce"-Strahlrohr (dort eingeführt 2010, fast baugleich mit dem „BerlinForce, jedoch ohne „Dual Pressure") mitzunehmen, falls es Probleme mit der Wasserversorgung gibt...

Hier wird die ganze Idee, die hinter Automatik-Strahlrohren steht, noch weiter ad absurdum geführt: Stattdessen könnte eine Feuerwehr nämlich lieber gleich kostengünstigere Hohlstrahlrohre mit einstellbarem Volumenstrom kaufen, da hier der Strahlrohrführer durch „Spielen“ mit Volumenstromstellring und Strahlformsteller von vornherein eine für die Situation optimale Einstellung finden wird.

Zudem musste bei stichprobenartigen Nachfragen bei Einsatzkräften und Ausbildern von Feuerwehren, die automatische Strahlrohre verwenden, über einen Zeitraum von 20 Jahren festgestellt werden, dass diese überwiegend nicht in der Lage waren, ihre Funktionsweise auch nur annähernd richtig zu erklären. Automatische Strahlrohre sind teuer, machen hydraulisch keinen Sinn und überfordern Ausbilder und Einsatzkräfte.

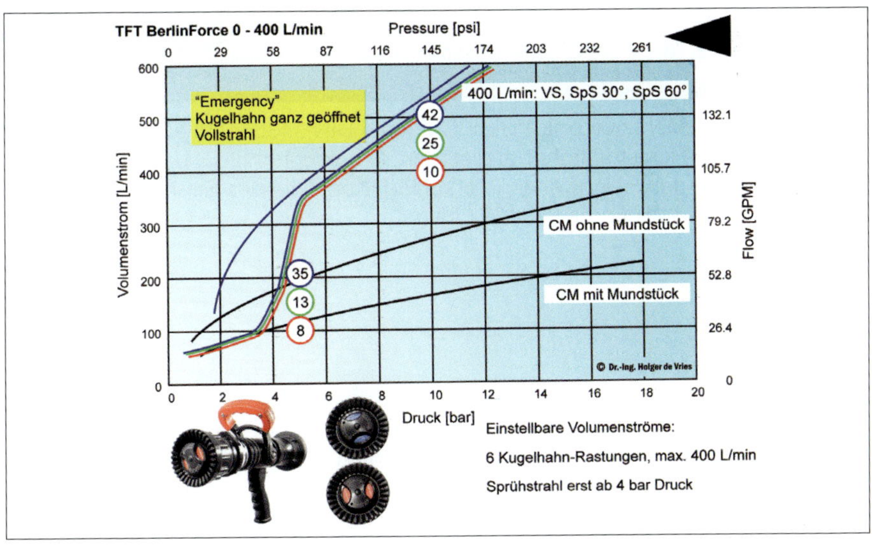

Abbildung 48: Kennlinie des Strahlrohres „TFT BerlinForce 0 – 400 L/min“

Abbildung 49: Mehrzweckstrahlrohr CM nach DIN 14365 und automatisches Hohlstrahlrohr bei gleichem Druck unterhalb 6 bar – beachte den Reichweitenunterschied. Kennlinie des Strahlrohres „TFT BerlinForce 0 – 400 L/min“

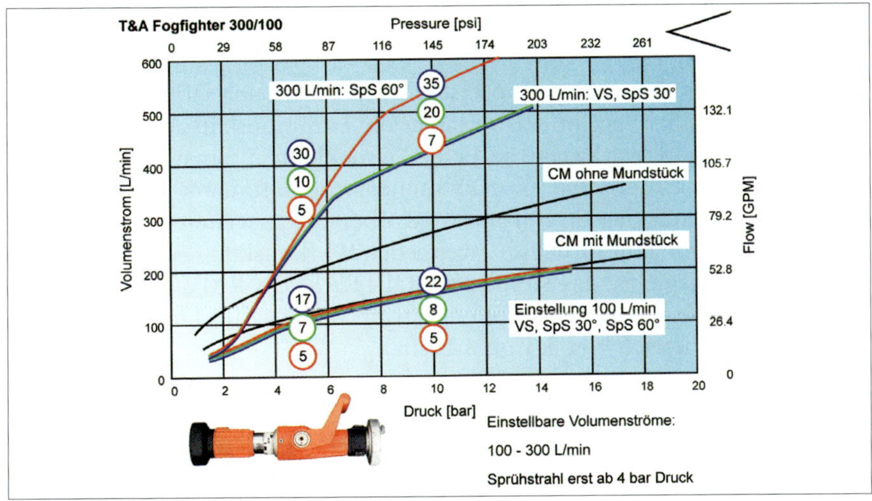

Abbildung 50: Kennlinie des Strahlrohres „TA Fogfighter 300/100“ (siehe Abb. 59)

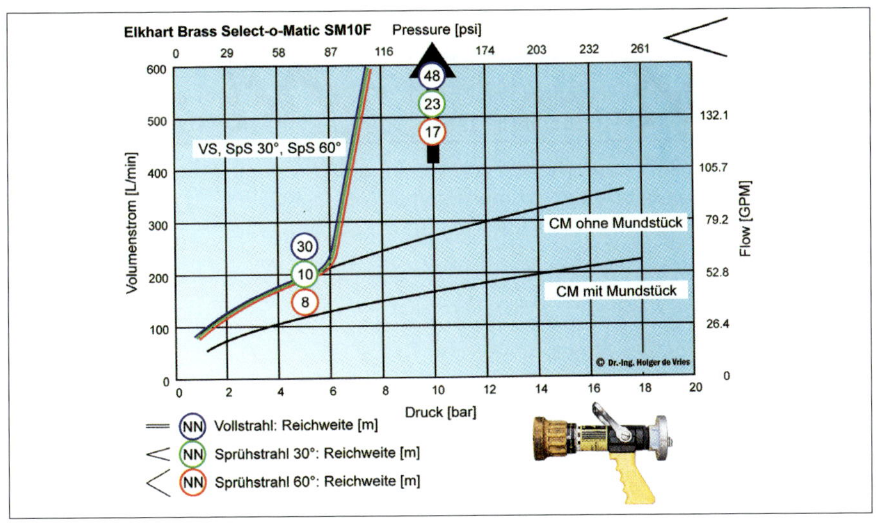

Abbildung 51: Kennlinie des Strahlrohres „Elkhart Brass Select-O-Matic SM10F“

2.5.5 Funktionskategorie 5: Hohlstrahlrohre mit variablem Druck bei konstantem Volumenstrom

Hohlstrahlrohre dieses Typs sind bisher noch nicht nach DIN EN kategorisiert worden, daher vergibt der Verfasser die Funktionskategorie 5. Ähnlich wie die Strahlrohre der Kategorie 4 eine „Druckhalteautomatik“ haben, verfügen diese Strahlrohre über eine „Volumenstromautomatik“, d. h. der Volumenstrom durch das Strahlrohr wird über einen weiten Bereich unterschiedlichen Eingangsdrucks (weitgehend) konstant gehalten. Ein Ausführungsbeispiel ist das Strahlrohr „OPTRAFLUX RM 500“ des französischen Herstellers Pons. Der Volumenstrom beträgt 500 L/min über einen Eingangsdruckbereich von 3,5 bis 12 bar.

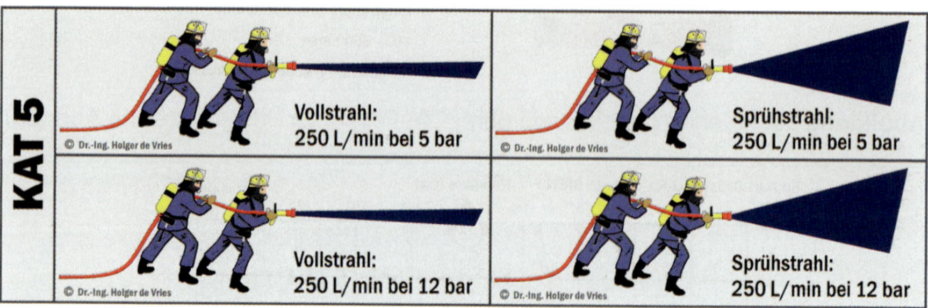

Abbildung 52: Betriebsverhalten von Hohlstrahlrohren mit variablem Druck bei konstantem Volumenstrom

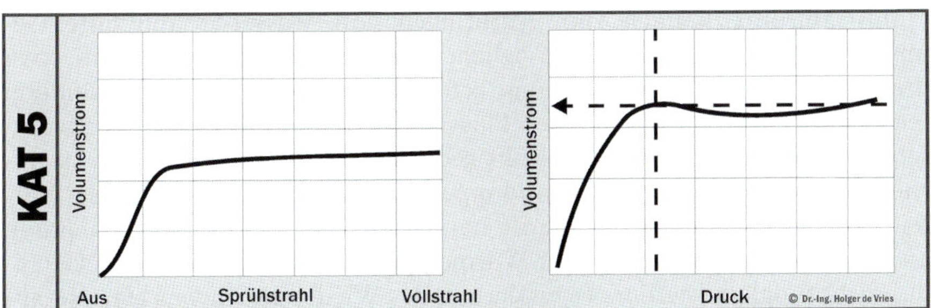

Abbildung 53: Typische Kennlinien von Hohlstrahlrohren mit variablem Druck bei konstantem Volumenstrom

Abbildung 54:
Strahlrohr „Pons OPTRAFLUX RM 500"

2.6 Hohlstrahlrohre als Schaumstrahlrohre

Zur Schaumerzeugung ist es erforderlich, dass das Wasser-Schaummittel-Gemisch mit Luft vermischt und dadurch „verschäumt" wird. Die Verschäumungszahl ist eine Kennzahl für Schäume und (Schaum-)Strahlrohre und gibt das Verhältnis des Volumens des fertigen Schaumes zum eingesetzten Wasser-Schaummittel-Gemisch an. Bei Verwendung von Z-Zumischern ist darauf zu achten, dass die Volumenströme von Zumischer und Strahlrohr(en) gleich groß sind.

Hohlstrahlrohre können zum Aufbringen von Wasser-Schaummittel-Gemisch verwendet werden. Ohne jeglichen Adapter kann mit ihnen eine etwa drei- bis fünffache Verschäumung erreicht werden. Diese Verschäumung reicht in der Regel aus, um einen Flüssigkeitsbrand vorübergehend abzulöschen. Dabei hat ein Hohlstrahlrohr gegenüber einem reinen Schaumstrahlrohr den Vorteil einer mindestens doppelt so großen Reichweite. Dieser Vorteil kann zum schnellen Erstangriff genutzt werden, wenn eine Annäherung an den Brandherd wegen großer Wärmestrahlung oder unwegsamen Geländes nicht möglich ist. Zur Verhinderung des Wiederentzündens einer so abgelöschten Fläche muss anschließend eine stabilere Schaumschicht mit Mittel- oder Schwerschaumrohren oder mit entsprechenden Adaptern für Hohlstrahlrohre aufgebracht werden. Für Class-A-Foam bzw. Netzwasser sind Hohlstrahlrohre ganz besonders gut geeignet, da einerseits das Wasser-Schaummittel-Gemisch verschäumt wird, andererseits der Strahlrohrführer das gesamte Spektrum vom Voll- bis zum feinen Sprühstrahl für die Brandbekämpfung zur Verfügung hat.

Für die Schlauchgrößen D und C gibt es die „Bubble-Cup“-Strahlrohre der Fa. TFT/Groupe Leader. Hierbei handelt es sich um Hohlstrahlrohre der Kategorie 3, die zusätzlich mit einem integrierten Schwerschaumaufsatz ausgestattet sind, der bei Bedarf nach vorne geschoben wird.

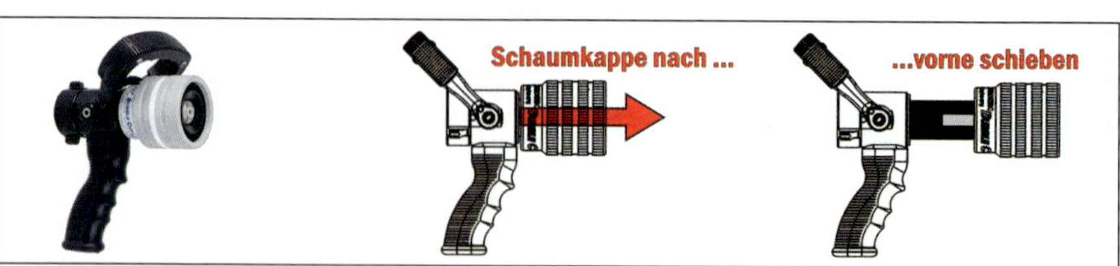

Abbildung 55: Task Force Tips „Bubble Cup" Strahlrohr – Bedienung

Abbildung 56: Bubble Cup Nozzle, hier mit reinem Wasser an 45-mm Schläuchen (Quelle: Brigade Marins Pompiers Marseille)

Schaumaufsätze für Hohlstrahlrohre bestehen aus zylindrischen und/oder konischen Rohrsegmenten, in denen das Wasser-Schaummittel-Gemisch verschäumt wird wie in „richtigen" Luftschaumrohren (siehe Abb. 57). Die Schaumaufsätze werden mit Schnapp- und Klemmverschlüssen an den Strahlformstellern der Hohlstrahlrohre befestigt. Sollen diese Schaumaufsätze im Innenangriff eingesetzt werden, so ist bei der Beschaffung darauf zu achten, dass sie temperaturbeständig sind. Ausführungen aus Metall sind denen aus Kunststoff zu bevorzugen. Mit Schwerschaumvorsätzen können Verschäumungen von etwa 10 (Volumen des Schaums/Volumen des Wasser-Schaummittel-Gemisches), mit Mittelschaumvorsätzen Verschäumungen von 30 und höher erreicht werden.

Abbildung 57: Hohlstrahlrohr „SM 10 F" der Fa. Elkhart Brass mit Schwerschaumaufsatz

Der Strahlrohrführer hat mit diesen Schaumvorsätzen die Möglichkeit, die Schaumqualität unabhängig von der Zumischrate zu verändern: Wird der Strahlformsteller in Richtung Sprühstrahl verstellt, nimmt die Verschäumung zu und die Reichweite des Schaumstrahles ab. Wird der Strahlformsteller in Richtung Vollstrahl verdreht, nimmt die Verschäumung ab und die Reichweite des Strahles wird größer. Der relativ hohe Preis dieser eigentlich sehr primitiven Schaumaufsätze verbietet jedoch praktisch deren Beschaffung, zumal Mittel- und Schwerschaumrohre i. d. R. in ausreichender Stückzahl bei den Feuerwehren vorhanden sind und von Beladungen auszusondernder Fahrzeuge übernommen werden können. Im Rahmen von Versuchen wurden verschiedene Hohlstrahlrohre mit Schaumvorsätzen mit Class-A-Foam bei 0,5 % Zumischung eingesetzt. Mit diesen konnte je nach Strahlrohr und Schaumvorsatz sehr gleichmäßiger Schwer- bzw. Mittelschaum erzeugt werden.

2.7 Selbstkontrolle und Testfragen

(Lösungen siehe Seite 107)

1. Benennen Sie die Komponenten bzw. Funktionen der abgebildeten Strahlrohre:

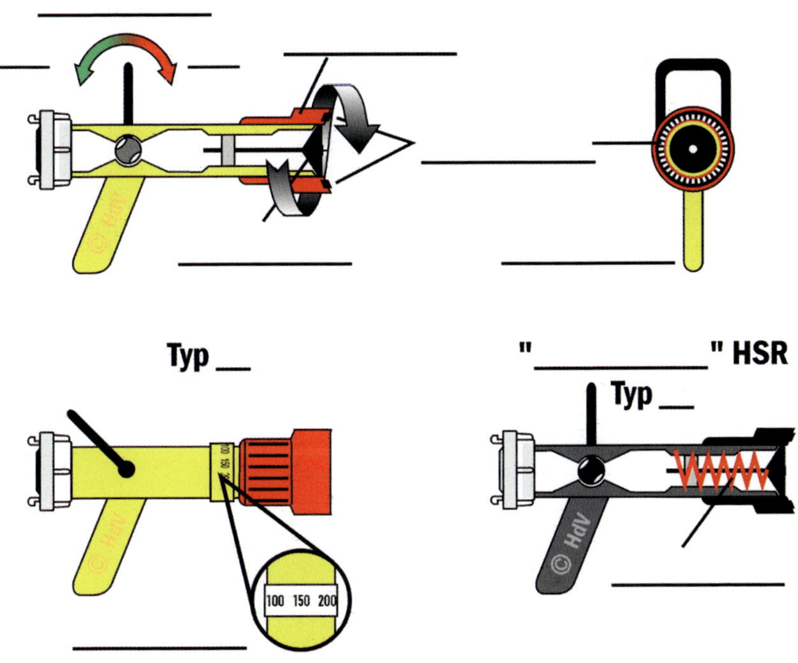

2. Was ist bei Automatik-Strahlrohren in Bezug auf die Brandbekämpfung in Sonderobjekten zwingend zu beachten?

3. Ergänzen Sie das nachfolgende Diagramm:
   - Einheiten und Zahlenwerte an den Achsen
   - Kennlinien von CM-Rohr mit und ohne Mundstück
   - Kennlinie eines Automatischen Strahlrohres, das seinen Arbeitspunkt bei 6 bar Druck und 200 L/min Volumenstrom hat.

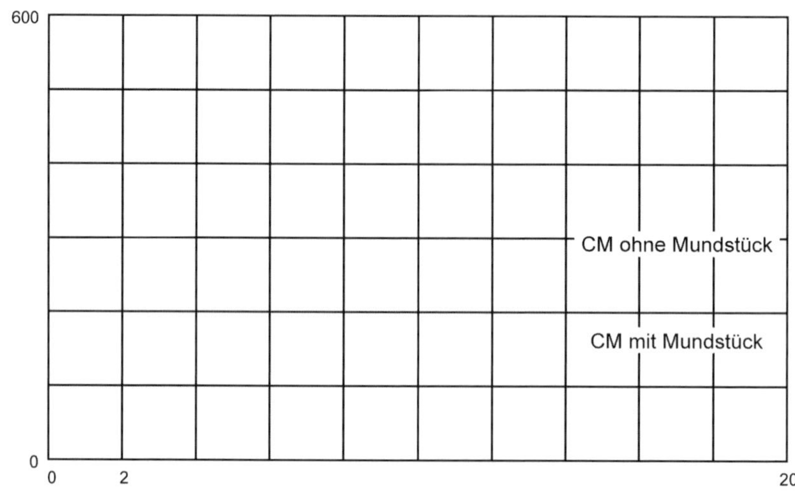

3 Anwendung von Hohlstrahlrohren

3.1 Hohlstrahlrohre im Brandeinsatz

Der **Löschmittelbedarf pro Brandfläche (die „Applikationsdichte“)** wird üblicherweise in Litern pro Quadratmeter (L/m^2) angegeben, wobei bei Versuchsberichten unterschieden werden muss, ob als Fläche die Größe des Brandraumes (z. B. 25 m^2) oder der Brandstelle (z.B. ein Sofa oder im Versuch 2 Stapel Paletten: 2 m^2) zu Grunde gelegt wird. Dabei kann das Löschmittel mit einem oder mehreren Rohren aufgebracht werden. 1 Liter pro Quadratmeter entspricht dabei 1 mm/m^2 „Niederschlag“, wie aus Wetterberichten bekannt. Der Wert des Löschmittelbedarfs pro Brandfläche bei Raumbränden ist nach wie vor Untersuchungsgegenstand von Studien in Versuchseinrichtungen und von Feldstudien in der Praxis. Es handelt sich nicht um eine „Naturkonstante“, sondern um einen Wert, der letztlich statistisch ermittelt wird und bisher nicht exakt allgemeingültig naturwissenschaftlich berechnet werden kann.

Der Begriff der **Mindestapplikationsrate (MAR)** setzt die Applikationsdichte in den Bezug zur Zeit und definiert somit, wie viel Löschmittel pro Zeiteinheit und Brandfläche erforderlich ist. Sie gibt an, wie viel Löschmittel pro Zeiteinheit und Flächen- oder Volumeneinheit, also in Litern pro Minute und Quadrat- oder Kubikmetern, aufgebracht werden muss, um tatsächlich einen Löscherfolg zu erzielen, d. h. um die Abbrandrate (den Massenverlust pro Zeiteinheit, meist in kg/sec gemessen) wesentlich zu verringern. Üblich ist die Angabe in Litern pro Quadratmeter und Minute (L/m^2 x min). Berechnungsbeispiele finden sich in [24, dort Kap. 2 ff.]

Der Wert der Mindestapplikationsrate bei Raumbränden ist ebenfalls nach wie vor Untersuchungsgegenstand von Studien in Versuchseinrichtungen und von Feldstudien in der Praxis. Auch hier handelt sich nicht um eine „Naturkonstante“, sondern um einen Wert, der letztlich statistisch ermittelt wird und bisher nicht exakt allgemeingültig naturwissenschaftlich berechnet werden kann.

Als Ergebnis vieler Brandversuche und Feldstudien über den Löschwasserverbrauch von Realbränden wurde die Mindestapplikationsrate (MAR) bzw. die Taktische Löschintensität (TALIS) definiert und bereits 2005 von Grimwood und Barnett veröffentlicht [25]. Grimwoods zugeschnittene Formel für kleine Räume (50 m² bis 600 m², bis 2,5 m Deckenhöhe):

$$\text{Volumenstrom [L/min]} = 4 \times \text{Brandfläche [m}^2\text{]}$$

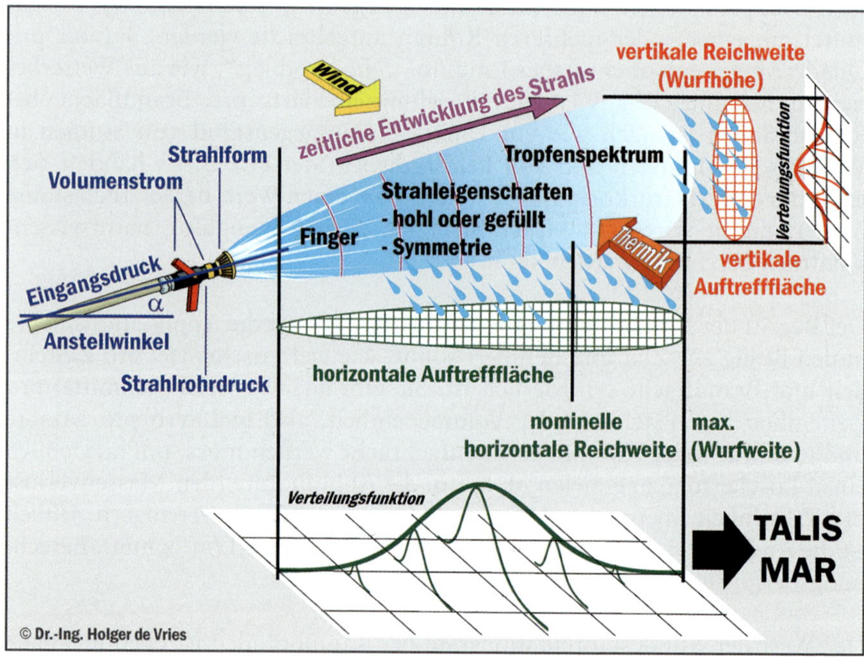

Abbildung 58: Faktoren und Einflussgrößen der Strahlbildung bei „kalter Lage“

Es gilt nun also, diesen Wert auf eine Art und Weise zu erreichen, ohne die Einsatzkräfte selbst oder noch im Brandobjekt befindliche Personen zu gefährden. In Abbildung 58 ist die Vielzahl der Faktoren und Einflussgrößen dargestellt, die die Formung und Eigenschaften eines Strahles allein schon im Freien, d. h. ohne Hindernisse, beeinflussen. In Abbildung 18 war bereits beispielhaft eine Möglichkeit der Ermittlung der vertikalen Auftrefffläche dargestellt worden.

In der „Containerlöschtheorie“ gibt es die These, dass die Einsatzkräfte das „thermische Gleichgewicht“ im Brandraum nicht stören dürfen. Diese These ist vom Ansatz her falsch, da das Feuer ohne Störung des thermischen Gleichgewichts (wenn es so etwas gibt) einfach weiterbrennen würde, bis kein Brennstoff mehr vorhanden ist. Die Feuerwehr wird aber gerufen, um das thermische Gleichgewicht zu stören und es sogar möglichst völlig durcheinanderzubringen, das nennt man „Löschen“. Wie aus den vielen in Abbildung 58 dargestellten Faktoren – zudem während sie mit einer Brandraumatmosphäre in Wechselwirkung treten – die bei Ausbildungsveranstaltungen üblichen sechs Handlungsinformationen (Strahlrohrtyp, Volumenstrom, Eingangsdruck, Sprühstrahlwinkel und -richtung sowie Impulsdauer) abgeleitet werden, hängt – neben den naturwissenschaftlichen Grundlagen, die aber noch nicht mathematisch erfasst sind – vor allem von zwei Bedingungen ab: Von der Gestaltung der Ausbildungseinrichtung und den Erfahrungen des/der Ausbilder/s in derselben. Somit gibt es nach wie vor vielerlei individuelle Vorgehensweisen, die nur sehr begrenzt direkt auf die Praxis übertragbar sind. – Wer wohnt schon in einem 20- oder 40-ft-Seecontainer mit einem Palettenstapel vor dem Fenster [26]? Dies ist keine Kritik daran, dass diese notwendige Form der Ausbildung so durchgeführt wird, sondern lediglich ein Warnhinweis, dass es in der Realität ganz anders aussehen kann und dass einige veröffentlichte Arbeitsanweisungen nicht nachvollzogen werden können.

Der „einsekündige Impuls“ findet sich beispielsweise sowohl bei der Verwendung von Wasser wie auch bei Druckluftschaum. So schreibt Braun [27] z. B.:

S. 42: „ ... Bei Bedarf ist mit dem Sprühstrahl auch ein »Takten« möglich, sodass mit 1-Sekunden-Stößen die Rauchgasschicht gekühlt werden kann (Bild 21). Die Verdampfungskapazität von mehr als 200 l/min (Wasseranteil) eines getakteten Druckluftschaum-Sprühstrahls ist durchaus dazu geeignet, ein zündfähiges Gasgemisch abkühlen zu können. ... “.

S. 52: „ ... Bei einem Vollbrand sollte der Strahl des Druckluftschaums vom Tür- oder Fenstersturz aus beginnend in den Raum gerichtet werden. Der Strahlrohrführer arbeitet dabei möglichst bodennah. Die Reichweite des Vollstrahls ist – wenn möglich – auszunutzen. Folgende Vorgehensweise hat sich in der Praxis bewährt: drei Löschmittelstöße von jeweils zirka einer Sekunde Dauer auf die linke Seite, die rechte Seite und anschließend in die Mitte des Brandraums abgeben. ...“.

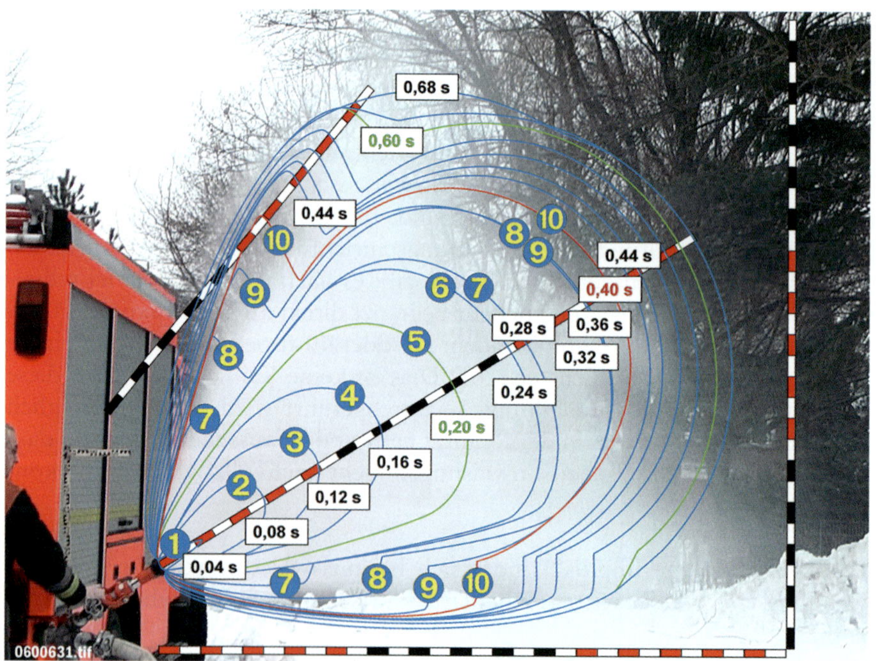

Abbildung 59: Die zeitliche Entwicklung eines Sprühstrahls (siehe auch Abb. 50)

Ein „einsekündiger Impuls“ bedeutet in der Theorie jeweils eine halbe Sekunde für das Öffnen und das Schließen des Hohlstrahlrohres. Nach einer halben Sekunde ist die Sprühstrahlkeule z. B. eines „Fogfighter“-Strahlrohres (Abb. 49) erst etwa zwei Meter tief, würde in einem 2,50 Meter hohen Raum knapp die Rauchgasschicht unter der Decke erreichen, aber erst nach etwa einer dreiviertel Sekunde mit etwa 3 Metern voll ausgebildet sein, um die Rauchgasschicht in höheren Räumen erreichen zu können. Innerhalb einer halben Sekunde ist der Querschnitt eines Hohlstrahles noch nicht symmetrisch ausgebildet, da der Kugelhahn nur Sekundenbruchteile ganz geöffnet ist – dann wird das Strahlrohr wieder geschlossen. Messungen haben außerdem gezeigt, dass diese einsekündigen „Taktungen" oder „Impulse" gar nicht erreicht werden, (siehe z. B. Abb. 60) (ausführlich dargestellt in 28). In der Praxis bedeutet dies, dass die „Containerverfahren" hinsichtlich des Sprühstrahlwinkels und der Impulsdauer der realen Brandraumgröße entsprechend angepasst werden müssen.

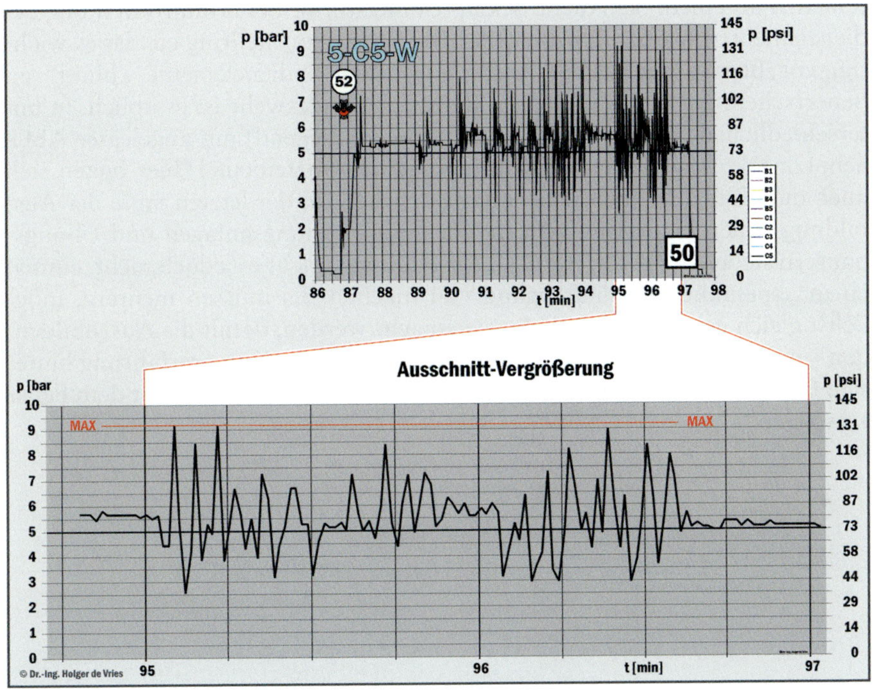

Abbildung 60: Aufgezeichneter zeitlicher Verlauf einer Löschmittelabgabe

3.2 Ausbildung

Entscheidend für den Einsatzerfolg sind immer die Erprobung des Geräts und der Verfahren vor und nach der Beschaffung sowie danach deren konsequente Beübung. Zunächst muss festgelegt werden, welche Strahlrohre wie an welchen Leitungen verwendet werden sollen. Die Ausbildung beginnt dann mit dem Vermitteln der hydraulischen Eigenschaften des Strahlrohrs bzw. der Strahlrohre, seiner Funktion, seinen Bedienelementen und deren Wirkung. In der ersten Stufe ist dies „trocken" und in Form des Frontalunterrichts möglich. Später sollte dies „nass" mit einem mit einer, zwei und drei Leitungen bestückten Verteiler erfolgen, um demonstrieren zu können, welche Auswirkungen es hat, wenn welche Strahlrohre auf welche Weise von einem Verteiler gespeist und verwendet werden, ggf. auch mit Höhenunterschieden an einem Schlauchtrocken-/Übungsturm. Bei Strahlrohren mit Bedienelementen wie Strahlformsteller, Volumenstromstellring etc. ist es wichtig, vor Beginn der heißen Ausbildung diese Bedienelemente „blind" zu beherrschen: Bei der Waffenausbildung der Bundeswehr ist es üblich, in unterschiedlichen Körperlagen (stehend, kniend, liegend) mit angelegter ABC-Schutzmaske bzw. über den Kopf gezogenem Stiefelbeutel (hier bieten sich auch die „Einkaufs-Jutesäcke" an) zu arbeiten. In der letzten Stufe der Ausbildung sollen heiße Übungen in Wärmegewöhnungsanlagen und Übungshäusern stehen. Zum Zweck der „Ausbildung" reicht es jedoch nicht, einmal einen „spektakulären Durchgang" zu machen. Es müssen mehrere, möglichst gleich gestaltete Durchgänge gemacht werden, damit die Auszubildenden – nachdem sie ihre erste Aufregung und die neue Körpererfahrung hinter sich haben – echte Erfahrungen machen können und lernen, „mit dem Feuer zu spielen".

Abbildung 61: Schwedische Heißausbildungsanlage – zum zusätzlichen Schutz insbesondere des Atemschutzgeräts tragen die Auszubildenden schwer entflammbare Hauben über Kopf, Schulter und Rücken.

3.3 Handhabung von Hohlstrahlrohren in der Praxis

Nach Untersuchungen von Blätte, Wuppertal, aus dem Jahr 1992 ist ein „durchschnittlicher Feuerwehrangehöriger bei der Berufsfeuerwehr Wuppertal" sechsmal im Laufe eines Berufsjahres bei einem Einsatz mit Vornahme eines C-Rohres anwesend [29], für Berlin (1996, nur BF) hat der Verfasser für die Zahl einen Wertebereich zwischen 4 und 47 berechnet [30]. Aufgrund der mittlerweile umgesetzten Arbeitszeitverordnung, in deren Konsequenz z. B. zwischen fünf- und siebenmal pro Monat 24-h-Schichten geleistet werden, der Rotation der Funktionen auf den Fahrzeugen, der Tatsache, dass es pro Einsatz nur einen ersten Angriffstrupp gibt und der geringen Anzahl von Brandeinsätzen, die tatsächlich im „extremen" Innenangriff durchgeführt werden, ist es mittlerweile äußerst selten geworden, dass ein Feuerwehrangehöriger die Gelegenheit bekommt, das in Brandübungsanlagen Gelehrte, auch als Strahlrohrführer, umsetzen zu können. Für die meisten freiwilligen Feuerwehrangehörigen gilt dies sinngemäß. Unverhältnismäßig hoch dazu ist die Intensität der Diskussionen darüber, ob Hohlstrahlrohre mit oder ohne Handgriff beschafft und verwendet werden sollen (vgl. dazu Kap. 3.9). Vernachlässigt wird dabei der „98-%-Fall" der Benutzung von Strahlrohren und Schläuchen im Freien und meist im Stehen.

Für einen Rechtshänder, der das Strahlrohr (mit oder ohne Handgriff) mit der rechten Hand greift und den Kugelhahn (Volumenstromsteller) und den Strahlrohrkopf (Strahlformsteller) mit der linken Hand bedient, bietet es sich an, das Strahlrohr anschließend mit der linken Hand in „Rückhand“ zu führen (Abb. 62), d. h. die Handinnenfläche liegt oben auf dem Strahlrohrkopf, Daumen und Finger weisen nach unten und umschließen den Strahlrohrkopf von oben. Die linke Hand liegt quasi oben auf dem Strahlrohrkopf. Vorteil: Bei Druckschwankungen befinden sich Hand und Arm zwischen Strahlrohr und Gesicht und der vom Körper fortweisende Abwehr-/Schutzreflex des Armes wird ausgenutzt.

Um eine Leitung als Trupp zu führen, stehen sich die Feuerwehrangehörigen sinnvollerweise versetzt gegenüber, stehen mehr oder weniger in der „Fechterstellung“ und berühren sich an den Füssen bzw. je nach Belastung an den Beinen (vgl. Abb. 62).

Vorteile:

- Der hintere FA kann den vorderen FA besser stützen.
- Beide FA können sich ansehen und besser verständigen.
- Die FA haben überlappende Sichtfelder und decken zusammen 360° ab.
- Sicherer Wechsel der vorderen und hinteren Position ist möglich, ohne „um den Schlauch tanzen“ zu müssen.

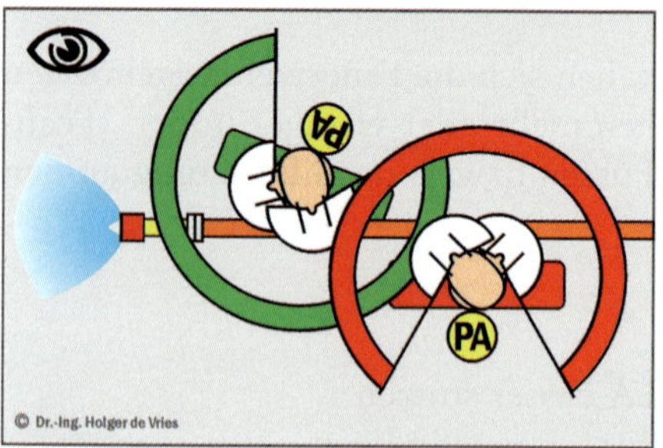

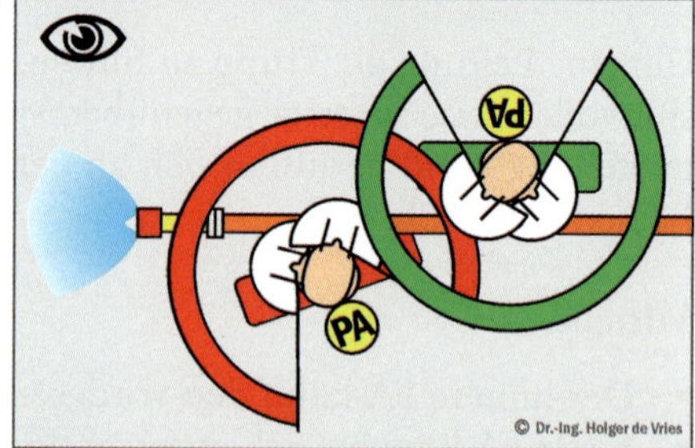

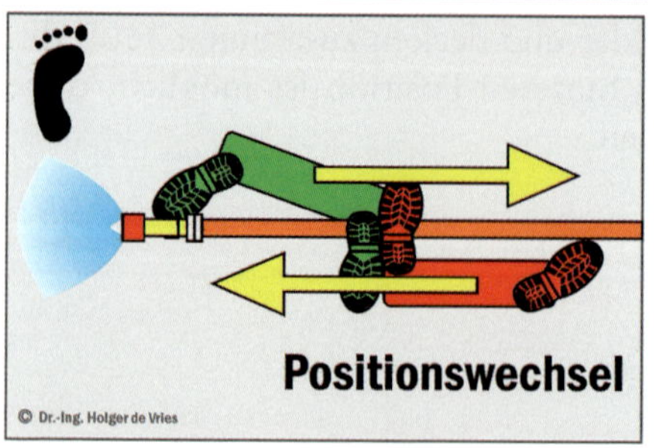

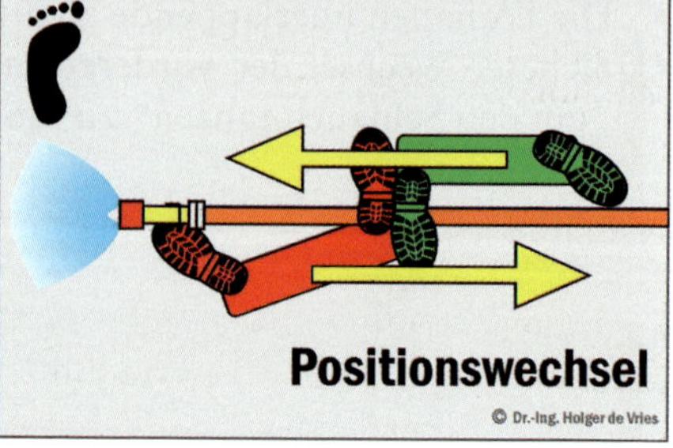

Abbildung 62: Strahlrohr- und Leitungsführung als Trupp

Zum Aufrichten des Strahls zieht der vordere FA seine Arme an, der hintere streckt sie nach unten, der Drehpunkt liegt zwischen den beiden FA. Zum Neigen des Strahls wird umgekehrt verfahren. Sinngemäß wird zur Änderung der Strahlrichtung verfahren. Richtungsänderung nach links: Der hinterer FA bewegt sich nach rechts, der vordere – je nach Winkel – ggf. nach links.

Abbildung 63: Aufrichten und Neigen des Strahls

Wer hat eigentlich in Deutschland verfügt, dass Strahlrohre nicht im Sitzen verwendet werden dürfen? Voraussetzung ist selbstverständlich, dass außerhalb des Trümmerschattens Position bezogen wird. Ist es nicht möglich, eine Schlauchlänge gerade zum Strahlrohr zu führen, so wird ein Vollkreis gelegt und der Schlauch z. B. mittels eines Schlauch(trage)riemens an sich selbst gesichert, bevor die sitzende oder kniende Position eingenommen wird (siehe Abb. 65).

Abbildung 64: Strahlrohrverwendung im Sitzen (Quelle: Steve Redick)

Abbildung 65: Strahlrohrverwendung sitzend oder kniend mit Sicherung durch Schlauch(trage)gurt

Wenn es darum geht, Riegelstellungen aufzubauen, bei denen üblicherweise Trupps über sehr lange Zeit mit Strahlrohren bei über 400 L/min mit oder ohne Stützkrümmer fast statisch arbeiten müssten (vgl. dazu Kap. 3.9), dann empfiehlt sich alternativ die Verwendung von „Ein-Personen-Werfern“ oder „Quick Attack Monitors“, die den Vorteil haben, dass sie auch schon von einem schwach besetzten LF oder TLF aus schnell in Stellung gebracht werden können. Diese Schnellangriffsmonitore werden mittlerweile von fast allen namhaften Herstellern angeboten.

Abbildung 66: Einpersonenwerfer „Blitzfire“ der Fa. Task Force Tips und rechts das Pendant „Rapid Attack Monitor“ der Fa. Elkhart Brass

Selten bis gar nicht wird in Deutschland bisher demonstriert, welche Verletzungsgefahr von einem schlagenden Strahlrohr ausgeht und wie man mit der Situation umgeht (vgl. Abb. 67). Wenn möglich, wird die Leitung schnell geschlossen, Verteiler mit Kugelhahn sind dabei klar im Vorteil, hier ist die gültige UVV Feuerwehren mit ihren Niederschraubventilen kontraproduktiv. Variante 2 ist das schnelle manuelle Abklemmen des Schlauches dadurch, dass dieser zum „Z“ gefaltet wird. Auch wenn der Wasserstrom evtl. nicht ganz gestoppt werden kann, so entschärft dies die Situation schon erheblich. Als Notmanöver ist auch der beherzte Schnitt in den Schlauch mit einem geeigneten Messer eine mögliche Maßnahme. Aus diesem Grund ist es auch bei vielen britischen Feuerwehren üblich, ein solides Messer mit feststehender Klinge („Kampfmesser“) am Leiterstuhl einer DL zu lagern.

Abbildung 67: „Wildhose“

3.4 Hohlstrahlrohre und die im Aufbau eines Löschangriffs versteckte Hydraulik

Die alte FwDV 4 und die Mehrzweckstrahlrohrnormen waren so miteinander verzahnt, dass es Strahlrohrvolumenströme von 100, 200, 400 und 800 L/min gab, die jeweils auf Schlauchdurchmesser von 52 mm und 75 mm abgestimmt waren. Technik und Taktik griffen hier unmittelbar ineinander. Beim „normalen“ Löschangriff nach FwDV 4 (jetzt: FwDV 3) – also ohne überlange Angriffsleitungen – muss sich niemand großartige Gedanken über Reibungsverluste machen, da die Strömungsgeschwindigkeiten unter 2 m/s bleiben.

Tabelle 4: Strömungsgeschwindigkeit in Feuerlöschschläuchen

Schlauch	Volumenstrom [L/min]	Strömungsgeschwindigkeit [m/s]
C 52	100	0,78
C 52	200	1,57
C 52	300	2,34
C 52	400	3,14
B 75	100	0,38
B 75	400	1,51
B 75	600	2,26
B 75	800	3,01

Wird jetzt in diesem System eine Komponente verändert, z. B. in einer Angriffsleitung – vielleicht sogar mit einer C-42-Leitung – wird ein (Hohl-) Strahlrohr mit einem Volumenstrom von 400 L/min oder 600 L/min verwendet[3], dann wird „das deutsche" System „nach FwDV 4" instabil. Des Weiteren müssen wir bedenken, dass in Deutschland – anders als in den USA, wo jede Angriffsleitung direkt ab Pumpenausgang verlegt wird – immer über einen Verteiler gegangen wird. Meist werden für die 2. und 3. Angriffsleitung jedoch Mehrzweckstrahlrohre verwendet. Kommen noch unterschiedliche Leitungslängen und Höhenunterschiede hinzu, weiß keiner mehr, welches Strahlrohr mit welchem Druck und welchem Volumenstrom betrieben wird.

[3] Die französischen Feuerwehren glauben, ihre 500-L/min-Strahlrohre an 45-mm-Schläuchen betreiben zu können und halten dies aktuell für die „ultimo ratio" des Innenangriffs.

3.5 Abdrängen und Einfangen von Gasflammen – „Formation W“

Das Abdrängen und Einfangen von Gasflammen mit Hohlstrahlrohren gehört bei Informationsveranstaltungen von Strahlrohrherstellern und auch an einigen Ausbildungseinrichtungen zu den „Highlights“ des Programms. Für eine kommunale Feuerwehr gehört dies aber zu den Szenarien, denen der durchschnittliche Feuerwehrangehörige niemals begegnen wird. Gleichwohl – es ist als Teilnehmer oder Zuschauer ein eindrucksvolles Spektakel. Dabei wird aber leider oft der Praxisbezug vernachlässigt, wodurch diese „Lerneinheit“ wertlos wird.

Abbildung 68: „Abdrängen“ einer Gasflamme mit Hohlstrahlrohr

Es beginnt damit, dass in der Praxis niemals ein Trupp oder gar ein Strahlrohrführer alleine vorgehen würde (siehe Abb. 69 Nr. 1. Es kann mit zwei

Trupps in der sogenannten „W-Formation“ vorgegangen werden, wie in Abbildung 69 Nr. 2 [vgl. 31]. Sinnvollerweise gibt es dazu einen Einweiser („vorgeschobener Beobachter“), der versetzt zur Bewegungsachse der Angriffstrupps steht, die hinter ihren breiten Sprühstrahlen „Nullsicht“ haben (Nr. 3), sowie Sicherungs- oder Deckungstrupps sowie eine taktische Feuerwehr- und Rettungsdienstreserve (Nr. 4). Die Wasserversorgungen der Rohre sind jeweils redundant zu verlegen (siehe [32] Kap. 8.5 (S. 387 ff.)) Selbstverständlich ist das synchrone Vorgehen der Trupps zuvor ausführlich zu üben. Je nach Breite der Feuerfront sind mehr als zwei Angriffstrupp erforderlich (siehe Abb. 70).

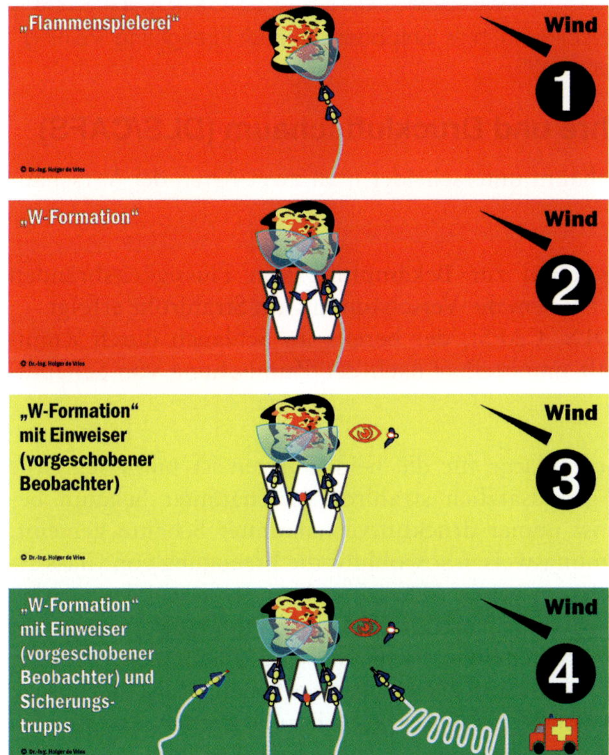

Abbildung 69:
Die „W-Formation“

Abbildung 70: Heiße Ausbildung, hier: Shipboard Aircraft Firefighting Training – „Formation W“

3.6 Hohlstrahlrohre und Druckluftschaum (DLS/CAFS)

Bei Verwendung von Schaum unterscheidet man zwei Arten der Verschäumung:

- „Klassischen“ Luftschaum zur Bekämpfung von Flüssigkeitsbränden oder Class-A-Foam, bei dem die Verschäumung im Strahlrohr erfolgt
- Druckluftschaum (DLS, CAFS), der bereits im Schlauch durch Zumischung von Druckluft unmittelbar nach der Zumischung von Schaummittel erzeugt wird

Die amerikanische Nomenklatur für die beiden Arten ist unlogisch: Mit „Class-A-Foam“ wird grundsätzlich strahlrohrverschäumter Schaum bezeichnet. Mit „CAFS“ ist immer druckluftverschäumter Schaum gemeint, obwohl beide Verschäumungsweisen sowohl für die Erzeugung von Class-A-Foam wie auch von Schaum gegen Flüssigkeitsbrände verwendet werden können. Da diese Bezeichnungen in den USA aber konsequent verwendet werden, werden sie hier beibehalten, damit die Übereinstimmung mit der amerikanischen Literatur gewahrt bleibt. Wasser-Schaummittel-Gemische können mit allen Arten von Strahlrohren aufgebracht werden. Die Art des Strahlrohres bedingt lediglich die Verschäumung bzw. Qualität des fertigen

Schaumes. Bei Class-A-Foam bietet sich in der Erstangriffsphase oft die Verwendung eines Hohlstrahlrohres gegenüber der eines Schaumrohres an. Hohlstrahlrohre sind in der Regel handlicher und ihr Wasserstrahl hat eine größere Auftreffwucht und Reichweite.

Bei Druckluftschaum jedoch ist es wichtig, dass sich möglichst wenig Störkörper im Strahlrohr befinden, damit die Struktur der Schaumbläschen erhalten bleibt. Somit scheiden Luftschaumrohre und alle Wasserstrahlrohre außer Rundstrahlrohre für die Verwendung mit Druckluftschaum aus. In der Praxis ist es völlig ausreichend, einen Kugelhahn mit Griffstück ohne jedes weitere Rohr zu verwenden. Die für die Erreichung großer Wurfweiten notwendige Energie ist dem Schaum bereits durch die Druckluft zugeführt worden.

Amerikanische Quellen nennen für die Verwendung mit Druckluftschaum eindeutig Vollstrahlrohre bzw. teilweise nur Kugelhähne als optimal. Dennoch werden in Deutschland fast ausschließlich DLSA mit Hohlstrahlrohren verwendet. Es wird also zunächst Schwerschaum erzeugt, dann durch einen Schlauch und ein Hohlstrahlrohr (das wie ein Sieb wirkt) gedrückt, um dann durch die Turbulenzen am Strahlrohrmundstück wieder verschäumt zu werden (Hohlstrahlrohre können nasse Schäume bis etwa VZ 5 erzeugen). Sicherlich hat dieser Schaum keine der Eigenschaften mehr, die der Maschinist an der DLSA eingestellt hat [vgl. auch 28].

Wenn die Neubeschaffung von Hohlstrahlrohren geplant ist und nicht ausgeschlossen werden kann, dass in Zukunft eventuell auch mit Druckluftschaum gearbeitet wird, sollte Folgendes beachtet werden: Viele Hersteller bieten Hohlstrahlrohre an, bei denen das Strahlrohr nicht aus einem einzigen Gehäuse besteht, sondern Schaltorgan und der Teil, in dem der Strahlformsteller und -kegel untergebracht sind, miteinander verschraubt sind (siehe Abb. 13 unten: „Modulbauweise“). Beim Einsatz mit Druckluftschaum wird dann nur das Schaltorgan mit Handgriff ggf. mit einer konischen Düse verwendet.

Die Fa. Akron Brass hat im Sommer 2001 ein Strahlrohr unter dem Namen „Saberjet“ auf den Markt gebracht, das sowohl die Abgabe von Vollstrahl wie Sprühstrahl (auch gleichzeitig, vgl. CMM-Rohr) ermöglicht. Strahlrohre mit diesen Eigenschaften finden sich auch bei anderen Herstellern bereits im

Programm oder in der Entwicklung. Den bisher humorvollsten Beitrag zu diesem Thema leistete bisher die Fa. Elkhart Brass, die auf der FDIC 2008 in Indianapolis ihr Strahlrohr „Flex Attack" mit dem Slogan „CAF to H2O" vorstellte und nunmehr die schaumzerstörende Wirkung von Hohlstrahlrohren u.A. als *„Fähigkeit, durch das Verstellen des Strahlrohres, Nassschaum zu erzeugen zu können"*, vermarktet.

Abbildung 71: Strahlrohr „SaberJet" von Akron Brass

Abbildung 72: Strahlrohr „Flex Attack" der Fa. Elkhart Brass

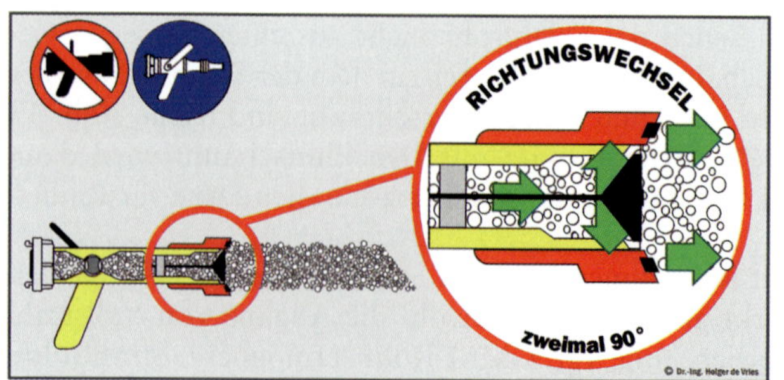

Abbildung 73: Hohlstrahlrohre und CAFS/DLS

3.7 Hydraulische Ventilation mit Hohlstrahlrohren

Da bei Hohlstrahlrohren im Sprühstrahlbetrieb Luft in Richtung des austretenden Wassers mitgesogen wird, können Hohlstrahlrohre nach Abbildung 74 zur behelfsmäßigen Entrauchung (und somit zum Abkühlen von Brandräumen) verwendet werden. Nach amerikanischen Quellen werden bei 7 bar (100 psi) Druck am Strahlrohr rund 225 L/min Luft pro Liter Wasser bewegt. Diese Zahl wurde vom Verfasser nicht überprüft, sie wird aber sicherlich vom Strahlrohrtyp und dessen Einstellung(en) abhängen. Bei einem Volumenstrom von 200 L/min Wasser entspräche dies 45 m³/min Luft. Zum Vergleich: Der Lüfter Rosenbauer FANERGY bewegt – je nach Ausführung – zwischen 30.000 m³/h bis über 65.000 m³/h Luft. Der Abstand zum Fenster sollte ca. 1 m betragen. Der Sprühlstrahlwinkel ist so zu wählen, dass auf jeder Seite ca. ein bis zwei Handbreit Platz bis zum Fensterrahmen bleiben. Durch „Spielen" mit dem Abstand zur Fensteröffnung, dem Volumenstrom und dem Sprühstrahlwinkel des Strahlrohes kann die wirksamste Einstellung herausgefunden werden.

Abbildung 74: Behelfsmäßige Entrauchung mittels Hohlstrahlrohr – „Operation 236" (Quelle: Jürgen Mayer, rechts)

3.8 Einbinden von Strahlrohren und Schlauchleitungen

Nach FwDV 1/1 „Grundtätigkeiten – Lösch- und Hilfeleistungseinsatz" werden Schlauch und Strahlrohr mit einem doppelten Ankerstich oder Mastwurf an den Kupplungen von Schlauch und Strahlrohr und einem Halbschlag am Handschutz des Strahlrohres eingebunden. In der zugehörigen Abbildung in der FwDV 1/1 wird der Mastwurf oder Doppelte Ankerstich über beide Kupplungshälften gelegt. Einige Feuerwehren/Feuerwehrschulen lehren aber z. B., dass der Knoten jeweils nur auf der Schlauchseite anzubringen sei (Abb. 75).

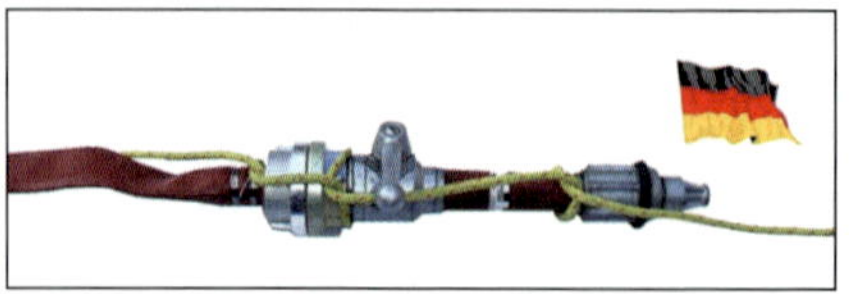

Abbildung 75:
CMM-Strahlrohr und Schlauch, eingebunden nach FwDV

In Großbritannien wird gelehrt, zusätzlich den ersten Schlauch etwa in der Mitte mit einem Stopperstek zur Zugentlastung der Schlaucheinbindung einzubinden (Abb. 76). Aus rein „knotentechnischer Sicht" können alle in Abbildung 78 benannten und gezeigten Knoten bzw. Stiche zum Einbinden von Schläuchen, Strahlrohren und anderer Geräte verwendet werden. Lediglich für die Grundausbildung ist es sinnvoll, sich auf die „Minimalausführung" nach FwDV zu beschränken.

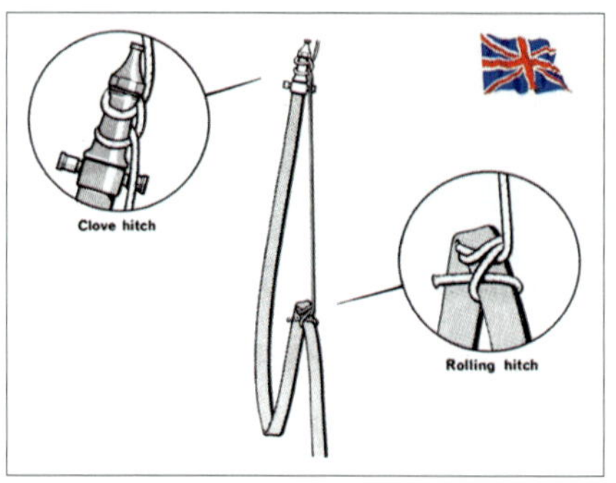

Abbildung 76:
Britisches Einbinden [33]

Abbildung 77:
Deutsches Einbinden mit „britischer Erweiterung" am ersten Schlauch

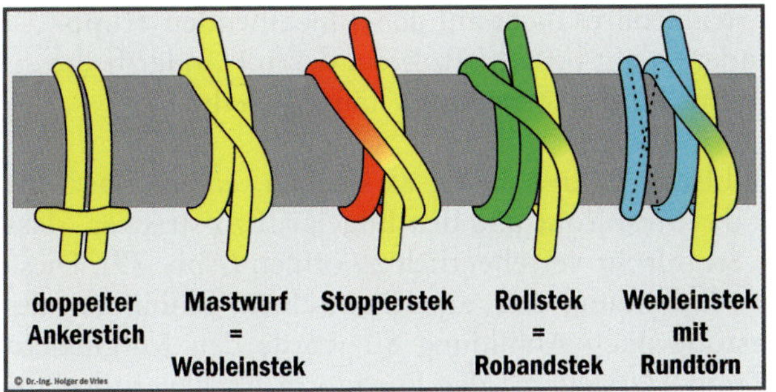

Abbildung 78: Sinnvolle Stiche und Knoten zum Einbinden von Schläuchen und Strahlrohren

Eine weitere Variante ist die amerikanische, bei der die letzte Schlauchlänge zunächst „zurückgeklappt" wird und Schlauch und Strahlrohr gemeinsam eingebunden werden. Die verwendeten Knoten und Stiche können auch hier alle Knoten nach Abbildung 78 sein.

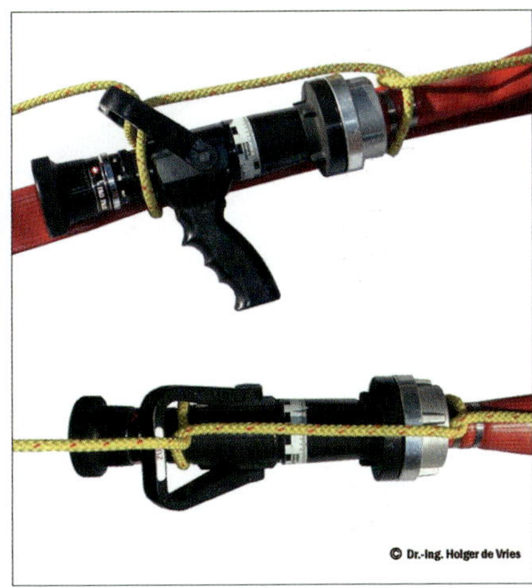

Abbildung 79: „Amerikanisches" Einbinden mit Hohlstrahlrohr

Der besondere Charme des amerikanischen Einbindens liegt darin, dass ...

1. ... die Wahrscheinlichkeit geringer ist, dass das Strahlrohr gegen die Hauswand oder Glasflächen schlägt.

2. ... die Mündung des Strahlrohres nicht auf den annehmenden Trupp gerichtet ist, insbesondere nicht bei CM-Rohren, deren Handgriff des Schaltorgans immer gerne am Fensterrahmen hängen bleibt.

Zum Einbinden von Hohlstrahlrohren bietet es sich an, einen Mastwurf oder Ankerstich so über das Strahlrohr und den Bügelgriff zu strecken, dass es nicht möglich ist, das Strahlrohr versehentlich zu öffnen (Abb. 79). Diese Art des Einbindens in Verbindung mit amerikanischem Einbinden des Schlauchs zur Zugentlastung nach Abbildung 80 wurde den Mitgliedern (Feuerwehrangehörigen und Herstellern) der Euronorm-Arbeitsgruppe für Strahlrohre (CEN/TC 192/WG8) am 26.03.2004 vorgestellt und von ihnen für gut geeignet befunden.

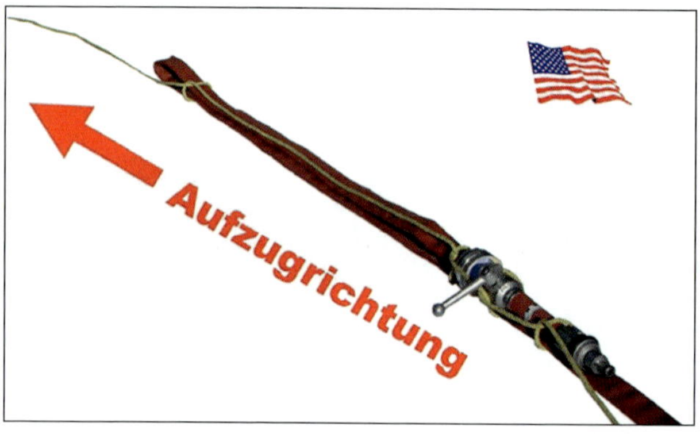

Abbildung 80:
„Amerikanisches" Einbinden mit CMM-Rohr

3.9 Unfallverhütung und Ergonomie

Die UVV Feuerwehr[4] besagt in § 19: „Strahlrohre, Schläuche und Verteiler sind so zu benutzen, dass Feuerwehrangehörige beim Umgang mit diesen Geräten sowie durch den Wasserstrahl nicht gefährdet werden" [34]. Dies wird in der Durchführungsanweisung zu § 19 folgendermaßen erläutert:

[4] Neufassung 2017 noch in Überarbeitung

Diese Forderung ist z. B. erfüllt, wenn

- *Schläuche beim Ausrollen unmittelbar an den Kupplungen festgehalten werden,*
- *schlagartiges Öffnen oder Schließen von Verteiler und Strahlrohr vermieden wird (möglichst keine Kugelhahnverteiler verwenden),*
- *nur absperrbare Strahlrohre verwendet werden,*
- *ein schlagendes Strahlrohr nicht aufgehoben wird,*
- *ein B-Strahlrohr von mindestens drei Personen gehalten wird bzw. bei Verwendung eines Stützkrümmers von mindestens zwei Personen,*
- *ein Schlauch nicht am Körper befestigt wird,*
- *beim Besteigen einer Leiter der Schlauch über der Schulter getragen und das Strahlrohr nicht zwischen den Feuerwehr-Haltegurt und den Körper gesteckt wird,*
- *beim Einsatz von Hochdrucklöschgeräten den besonderen Gefahren durch den Hochdruckstrahl Rechnung getragen wird (vgl. UVV „Arbeiten mit Flüssigkeitsstrahlern" [GUV-V D 15, bisher GUV 3.9]) [35],*[5]
- *beim Löschen die mögliche Wasserdampfbildung berücksichtigt wird.*

Zu berücksichtigen ist hier die Übertragung der Ausführungsbestimmungen auf Hohlstrahlrohre: Für den Volumenstrom eines B-Strahlrohres werden mithin 400 L/min angesetzt. Dementsprechend müssen Hohlstrahlrohre bei einem Volumenstrom ab 400 L/min ebenfalls von drei Feuerwehrangehörigen bzw. von zwei Feuerwehrangehörigen unter Zuhilfenahme eines Stützkrümmers gehalten werden (vgl. Abb. 83). Inwieweit Stützkrümmer im Innenangriff sinnvoll sind, sei dahingestellt.

[5] Hier gibt es einen offensichtlichen und klaren Widerspruch zwischen den UVV: GUV-V D 15 (bisher GUV 3.9): I. Geltungsbereich § 1 (4) *„Diese Unfallverhütungsvorschrift gilt auch* nicht *für das Arbeiten mit [Ziff 1.] Feuerlöschgeräten"*, ...

Abbildung 81:
Abgesehen davon, dass ein C-Rohr von zwei Feuerwehrangehörigen gehalten werden soll, ist diese „Reichweitenverlängerung" in der Praxis sehr oft zu beobachten – Was passiert bei einer Druckschwankung? (Quelle: Heiner Lahmann)

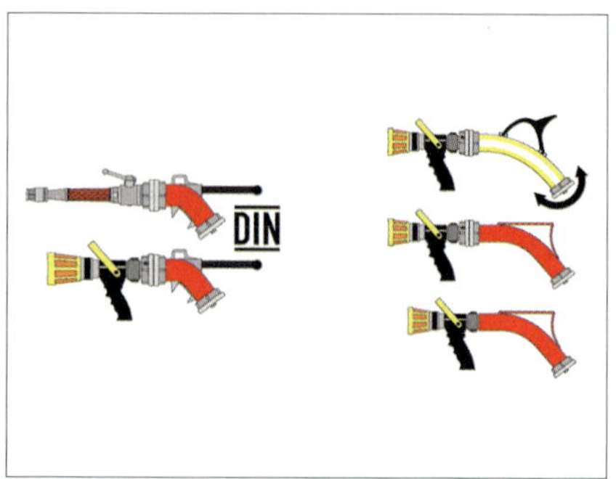

Abbildung 82:
Stützkrümmer nach DIN für B-Rohre und nicht genormte Stützkrümmer (Ausführungsbeispiele)

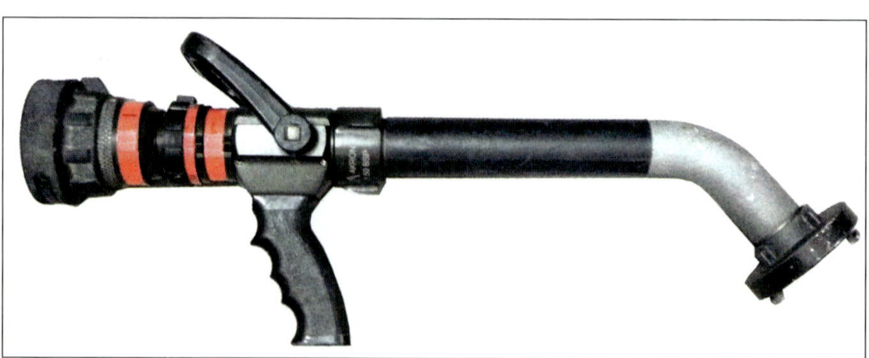

Abbildung 83: Es gibt Strahlrohrkonfigurationen, die fast ausschließlich für den deutschen Markt produziert werden. Dynamische Rauchgaskühlung im Innenangriff ist mit dieser jedenfalls kaum möglich.

Abbildung 84: Historischer „Stützkrümmer" im Einsatz in New York, 1911 (Quelle: Archiv de Vries)

Die o. g. Durchführungsanweisungen können noch um die taktische Regel ergänzt werden, dass Außen- und Innenangriff niemals gleichzeitig durchgeführt werden dürfen, insbesondere nicht in der Kombination „Angriffstrupps drinnen – Wasserwerfer draußen".

Abbildung 85: Innen- und Außenangriff dürfen nicht miteinander kombiniert werden [36]

An der Universität Gießen wurde im Jahre 1999 ein „Forschungsbericht über die Evaluierung der ergonomischen Qualität von Strahlrohren zur Brandbekämpfung mittels elektromyographischer und subjektiver Methoden" erstellt [37]. Es war besonders der relativ hohe Kraftaufwand im Arm-/Schulterbereich auffällig, der erforderlich ist, um CM-Strahlrohre nach DIN zu halten, weil bei diesen fast nur reib-, aber kaum formschlüssiges Halten (wie bei Strahlrohren mit „Pistolengriff") möglich ist. Unter „Ausblick auf die Gestaltung von Strahlrohren" fassen die Autoren zusammen:

„Experten der Brandschutztechnik diskutieren schon lange kontrovers über das ‚richtige' Prinzip der Brandbekämpfung, viel Wasser bei niedrigem Druck oder weniger Wasser mit wesentlich höherem Druck. Die Antwort auf diese Frage beeinflusst natürlich die Strahlrohrgestaltung allein durch die Dimensionierung der Zuleitung immens. Geht man jedoch von der heutigen Löschtechnik und den damit verbundenen Kennzahlen aus – also einem Druck von ca. 5 bar am Strahlrohr, einer Fördermenge von 100 bis 800 Liter/min und den entsprechend genormten Schlauchleitungen – so lassen sich aus dieser Studie eindeutige Gestaltungshinweise ableiten. Um den Einsatzkräften ein möglichst optimales Strahlrohr als Arbeitsmittel in die Hand geben zu können, können daher folgende Maßnahmen empfohlen werden:"

- *„Trennung von Absperrorgan und Schaltorgan"*
- *„Pistolengriffe für das Halten des Strahlrohres"*
- *„Integrierte Stützkrümmer zur Reduzierung der entstehenden Kräfte und Drehmomente [Anm. des Verfassers: Bei Bewertung dieser Aussage ist zu berücksichtigen, dass die Versuche und Messungen in Gießen ausschließlich im Stehen gemacht wurden.]"*
- *„Drehbare Schaltorgane nahe am Wasseraustritt"*
- *„Absperrorgane in Bügelform"*

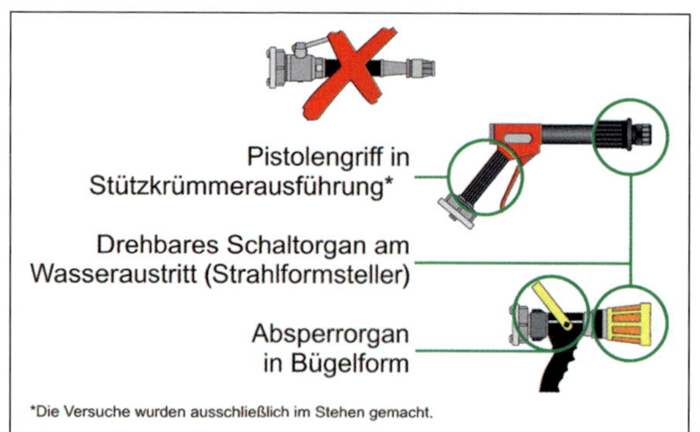

Abbildung 86:
Empfehlungen zur Strahlrohrgestaltung [nach 37]

Die Diskussion der besten ergonomischen Ausgestaltung der Strahlrohre – insbesondere ob mit oder ohne Handgriff – hängt häufig v. a. von der Philosophie der Trainer ab. Auch der Ausbildungsstand der „trainierten“ FA und das Einsatzumfeld spielt eine entscheidende Rolle. Jede Schaltbewegung sollte mit einem Handgriff bzw. einer Bewegung durchführbar sein, ohne in der Bewegung umgreifen zu müssen (gilt v. a. für Drehorgane). Jede Schaltstellung des HSR sollte eindeutig tastbar sein, um auch bei Nullsicht die Stellung des Strahlrohrs ertasten zu können – dazu sollte man als FA aufgrund entsprechenden Trainings allerdings auch in der Lage sein. Innerhalb einer Einheit, möglichst sogar innerhalb einer Feuerwehr (oder gar auf einem Fahrzeug) sollten keine verschiedenen Strahlrohre mit verschiedenen Bedienungen verwendet werden.

3.10 Einsatz in elektrischen Anlagen

Die grundsätzliche Praxisferne und objektive Undurchführbarkeit wesentlicher Inhalte von DIN VDE 0132 „Brandbekämpfung in elektrischen Anlagen“ ist a.a.O. einschließlich der Chronologie bereits ausführlich dargestellt worden, insbesondere in Kapitel 4.6 von [38].

Abbildung 87: Zur Brandbekämpfung in elektrischen Anlagen

Seit 2008 hat sich an den wesentlichen Inhalten nichts geändert und der Rest der Welt kommt nach wie vor ohne ein entsprechendes Papier, das letztlich nur den Herstellern von Mehrzweckstrahlrohren nach der 2007 zurückgezogenen (und der seither nicht mehr gültigen!) DIN 14365 ein sorgen- und diesbezüglich entwicklungskostenfreies Leben beschert hat, ganz hervorragend aus, ohne dass es dort ein strom- und hohlstrahlrohrkausales Unfallgeschehen gibt.

In der täglichen Einsatzpraxis der Feuerwehren sind drei Szenarien zu unterscheiden:

1. Brennt Wohnung oder Büro, hier i. d. R. max. 240 V im Verbrauchernetz, 400 V bis zum Hausanschlusskasten.
2. Brennt Gewerbe- oder Industrieanlage, hier entweder nur 230 V oder 400 V (siehe Szenario 1) oder Spannungsversorgung, Trafo-Station, elektr. Betriebsraum, Schaltschrankleiste, etc. (siehe Szenario 3).
3. Brennt „richtige elektrische Anlage", also z. B. Umspannwerk, Trafo-Station, Liegenschaften, Anlagen oder Fahrzeuge der Deutschen Bahn, des ÖPNV (Straßen- oder U-Bahn).

Abbildung 88: Brennt Leuchtreklame, Brandbekämpfung mit Druckschlauch S (später über Steckleiter) und Hohlstrahlrohr (Quelle: Heiner Lahmann)

In den Fällen (Szenario 1), in denen mit max. 230 V bzw. 400 V Spannung zu rechnen ist, beginnt die Feuerwehr unmittelbar mit Rettungs- und Löscharbeiten, ohne dass der (Aus-)Schaltzustand der Stromversorgung des betreffenden Bauwerks bekannt ist (vgl. [39]).

In allen anderen Fällen – und dies gebietet schon die allgemeine Lebenserfahrung ohne die Vorgaben nach DIN VDE 0132 – ist jedem Einsatzleiter – sofern nicht unmittelbare Gefahr für Leib und Leben gegeben ist (Szenario „Stromunfall“), eine defensive Taktik anzuraten (vgl. [40], [41]], da die praktische Umsetzung der Verhaltensregeln nach DIN 0132 beliebig riskant ist.

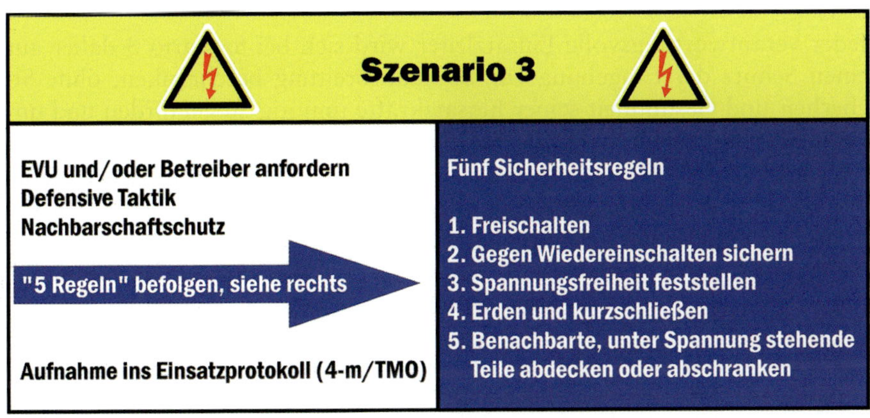

Abbildung 89: Praxisnahes Verhalten bei der Brandbekämpfung an oder in elektrischen Anlagen

Selbst das Beachten der „5 Punkte“ ist für das Vorgehen im Havariefall nicht unheikel:

a) Die Erdungspunkte müssen zugänglich und erkennbar ein. Dies bedeutet, dass es in der betroffenen elektrischen Anlage weder heiß ist, noch dass sie verraucht ist.
b) Die Erdung kann nur durchgeführt werden, wenn die Leitungen/Stromschienen, die zur Erdung erforderlich sind, noch intakt sind. Insofern

muss die Spannungsfreiheit im Havariefall also konsequenterweise nochmals festgestellt werden!

c) Ggf. müssen Kondensatoren mit großen Kapazitäten gesondert entladen werden.

d) Forderungen des Vorbeugenden Brandschutzes stehen hier in Konflikt mit denen des Abwehrenden Brandschutzes: Bei Gebäuden besonderer Art und Nutzung werden Sicherheitsbeleuchtung und Notstromversorgung (vgl. ArbStVO und BGV-Regelwerk) gefordert, um den Nutzern im Brandfall ein sicheres Verlassen zu ermöglichen. Mithin ist es in der Praxis fast unmöglich, Gebäude besonderer Art und Nutzung (Gewerbebetriebe, Krankenhäuser ...) vollständig stromlos zu schalten.

Jeder verantwortungsvolle Einsatzleiter wird sich bei Szenario 3 daher auf einen Schutz der Umgebung vor Brandausbreitung beschränken, ohne Sicherheit und Gesundheit seiner Einsatzkräfte unnötig zu gefährden und unverzüglich über seine Leitstelle das zuständige EVU bzw. den Betreiber der Anlange (Bahn, Verkehrsbetriebe, etc.) an die Einsatzstelle anfordern, um die betreffende Anlage freischalten zu lassen. Der Einsatzleiter wird sich die Freischaltung möglichst schriftlich vom Mitarbeiter des EVU bzw. des Anlagenbetreibers geben lassen und/oder dessen Namen für die Aufnahme ins Einsatzprotokoll über 4-m-Band an die Einsatzleitstelle übermitteln.

Aufgrund der Unlogik und der Unwägbarkeiten der z. Zt. in Deutschland geltenden technischen Regeln sah sich die agbf Nordrhein-Westfalen veranlasst, eine praxisnahe Anleitung zu verfassen. Laut Amtsleiter der Feuerwehr Düsseldorf (Dir. d. Feuerwehr Harbort) vom 17.09.2003 hat die agbf NW dem nachfolgenden Vorschlag zur vorübergehenden Einsatztaktik sowie dem Forschungsvorschlag für die vfdb einstimmig zugestimmt[6]:

[6] Wörtliche Wiedergabe, lediglich die Benummerung der Unterpunkte wurde um die Gliederungsnummer der Überschrift ergänzt

Vorschlag der agbf NW zum Einsatz im Bereich elektrischer Anlagen

Einsatz im Bereich elektrischer Anlagen (VDE 0132)

Faktische Einsatzverbote für HD, Sonderrohre und DLS/CAFS

Hier: Beschlussvorschlag für eine realistische Einsatztaktik im Bereich elektrischer Anlagen

Die AGBF NW stellt fest, dass bisherige Regelungen (z. B. VDE 0132, Normungen der Strahlrohre unter Bezug auf die VDE 0132) an der Einsatzpraxis vorbeigehen. Sie stellen Scheinnormen dar, die im täglichen Einsatzgeschehen nicht einzuhalten sind, ohne den Einsatzerfolg zu gefährden bzw. den Einsatzauftrag unmöglich zu machen.

Die folgenden Empfehlungen entsprechen der gelebten und täglich praktizierten Realität. Unfälle sind weder aus dem In- oder Ausland bekannt. Sie sollten v. a. für die Bereiche

- Einsatz von Schaum (DLS/CAFS)
- Einsatz von höheren Drücken (z. B. HD) bzw. Volumenströmen

v. a. bei höheren Spannungen über geeignete Messungen (z. B. im Rahmen eines Forschungsauftrages) bzw. Einsatzerfahrungen noch ergänzt werden.

Die AGBF NW beschließt bis dahin in Abweichung zur DIN VDE 0132 folgende feuerwehrtaktische Einsatzempfehlungen im Bereich elektrischer Anlagen:

1 Elektrische Anlagen < 1000 V (übliche Hausanschlüsse)

Bei Bränden in Wohn-, Büro- und Geschäftsgebäuden sind i. d. R. Anlagen unter 1000 V anzutreffen, die beim Eintreffen der Feuerwehr

- i. d. R. noch nicht stromlos sind,
- in der Lage (z. B. Hausanschluss- oder Sicherungskasten, aber auch Leitungswege) nicht bekannt sind,
- teilweise durch das Einsatzereignis (z. B. Hausanschluss- oder Sicherungskasten) nicht zugänglich sind.

Vorgehende Trupps unterliegen im Brandeinsatz erheblichen Sichtbehinderungen bis hin zu „Null-Sicht“. Das Einhalten von theoretischen Abstandsregeln ist in der Praxis nicht möglich, ohne den Einsatzerfolg zu gefährden. Der Einsatz von Sprühstrahl erzeugt eine Tröpfchenbildung, die eine hohe Sicherheit gegen Stromdurchschlag über das Löschmittel bietet.

Es gelten folgende Einsatzregeln für den Einsatz im Bereich elektrischer Anlagen < 1000 V, die nicht sicher stromlos sind:

1.1 Soweit ausreichend Zeit vorhanden ist, bzw. dies überhaupt möglich ist (Zugänglichkeit!), ist die elektrische Anlage am Sicherungskasten stromlos zu schalten und vor Wiedereinschalten zu sichern.
1.2 Von geeignetem Personal (z. B. Stadtwerke E, Stromversorger usw.) kann ggf. zusätzlich geerdet werden und/oder das Haus/Gebäude am Verteilerkasten stromlos geschaltet werden.
1.3 Die Brandbekämpfung erfolgt grundsätzlich im Sprühstrahl und mit Volumenströmen < 200 L/min und < 10 bar Pumpenausgangsdruck. Hohlstrahlrohre bieten dabei eine bessere Sprühstrahlcharakteristik als CM-Rohre. Der Einsatz von Hochdruckanlagen ist grundsätzlich möglich, wenn ausschließlich Sprühstrahl gewählt wird.
1.4 Einsatz- und deren Führungskräfte sind auf erkannte Gefahren (z. B. herabhängende Anschlussleitungen, verbrannte Anschlusskästen) hinzuweisen.
1.5 Der Einsatz von Netzmitteln ist problemlos möglich.
1.6 Der Einsatz von (Druckluft-)Schaum (DLS bzw. CAFS bzw. Schaum) ist nach bisherigen Einsatzerfahrungen ebenfalls mög-

lich. Unfälle aus der Anwendung von DLS im Bereich elektrischer Anlagen sind bisher nicht bekannt, obwohl diese Technik von einigen Feuerwehren schon jahrelang auch im Innenangriff benutzt wird.

2 Elektrische Anlagen > 1000 V

Bei Bränden in Industrieanlagen sowie bei Stromversorgern und deren Versorgungsanlagen inkl. den elektrischen Versorgungsleitungen sind auch Anlagen über 1000 V anzutreffen. Ein Einsatz von Löschmitteln in diesen Bereichen ist nur zulässig, wenn

2.1 die Anlagen sicher stromlos, geerdet und gegen Wiedereinschalten gesichert sind (das ist nur über die Energieversorger bzw. den Anlagenbetreiber möglich!), oder
2.2 die aus der VDE 0132 bekannten Abstände eingehalten werden. Die Abstände gelten auch für HD-Anlagen mit vergleichbarer oder kleinerer Literleistung.
2.3 Der Einsatz von Netzmitteln ist unter den genannten Bedingungen möglich.
2.4 Der Einsatz von Schaum ist grundsätzlich nur möglich, wenn 1. erfüllt ist.

3 Unklare Spannungen in elektrischen Anlagen (> oder < 1000 V) bzw. Vergleichbarkeit von Hohl- und Mehrzweckstrahlrohren

3.1 Bei unklaren Spannungsverhältnissen in elektrischen Anlagen ist vom höheren Risiko auszugehen. Es gelten die Regeln der VDE 0132.
3.2 Nach bisherigen Erkenntnissen sind Hohlstrahlrohre bis 400 L/min bei den Abstandsregeln wie CM-Rohre zu betrachten, Hohlstrahlrohre mit höherer Literleistung wie BM-Rohre.

3.11 Selbstkontrolle und Testfragen

(Lösungen siehe Seite 107)

1. Wie lässt sich der benötigte Volumenstrom für Brände kleiner Räume nach Grimwood berechnen?

2. Wie kann ein schnelles, manuelles Abklemmen eines Schlauches bei „schlagenden Schläuchen“ durchgeführt werden?

3. Welche Taktik (Formation) ist zum Einfangen oder Abdrängen einer Gasflamme anzuwenden?

4. Welchen Einfluss haben Hohlstrahlrohre auf CAFS/DLS?

4 Literaturhinweise

1 de Vries, Holger: Class-A-Foam – Die Verwendung von Schaum zur Bekämpfung von Feststoffbränden; Diplomarbeit, BUGH Wuppertal, 1996

2 Hähnel, Erich (Hrsg.): Lexikon Brandschutz; Staatsverlag; 1986

3 Grimwood, Paul T.: Fog Attack. FMJ Publications International Redhill Surrey/UK 1992, S. 71

4 Liebson, John: Implementation and Utilization of Class A Foam technology for the Structural Fire Service (Student Manual) The Alliance for Fire and Emergency Management (ISFSI), Ashland MA/USA (1. Auflage). S. 27

5 Fornell, David P.: Fire Stream Management Handbook. Fire Engineering Pennwell Publishing Company, Saddle Brook NJ/USA 1991. S. 111

6 Herterich, Oskar: Wasser als Löschmittel. Dr. Alfred Hüthig Verlag GmbH, Heidelberg 1960. S. 174

7 DIN 14367, Ausgabe: 2002-07, Feuerwehrwesen – Hohlstrahlrohre PN 16, Originalsprache, Deutsch

8 Neue Norm-Fahrzeuge: KLF und LF 20/16; brandschutz 2004; Juni; 6; p. 431

9 Strahlrohre für die Brandbekämpfung – Teil 1: Allgemeine Anforderungen; Deutsche Fassung EN 15182-1:2007; Beuth; Berlin; 2007

10 Strahlrohre für die Brandbekämpfung – Teil 2: Hohlstrahlrohre PN 16, Deutsche Fassung EN 15182-2:2007; Beuth; Berlin; 2007

11 Strahlrohre für die Brandbekämpfung – Teil 3: Strahlrohre mit Vollstrahl und/oder einem unveränderlichen Sprühstrahlwinkel PN 16; Deutsche Fassung EN 15182-3:2007; Beuth; Berlin; 2007 – Hinweis des Verfassers: Dies ist die Ersatznorm DIN 14 365 Mehrzweckstrahlrohre PN 16

12 Strahlrohre für die Brandbekämpfung – Teil 4: Hochdruckstrahlrohre PN 40; Beuth; Berlin; 2007

13 Formation Sapeur-Pompier – Équipes en Binômes: Utilisation des lances à eau à main (2e édition), Icone Graphic, 2007, ISBN-10: 2357381124, ISBN-13: 978-2357381124

14 Livre Formation Chef d'agres tout engin SPV – Lutte contre les incendies; Module 2; U.V.2.2 – Hydraulique;), Icone Graphic, 2015, ISBN-10: 2357382805; ISBN-13: 978-2357382800

15 Bedienungs-Anweisung für die Tankspritze Ts 2,5; o.A., nicht datiert

16 Jaunitz, Markus: Die Fahrzeuge der Luftschutzeinheiten der Luftwaffe; Waffen-Arsenal Sonderband S-64; Podzun-Pallas-Verlag; 2002

17 Foedrowitz, Michael: Feuerwehrfahrzeuge im Einsatz 1939 – 1945; Dörfler Zeitgeschichte; nicht datiert.

18 Fa. Sword Aberdeen Ltd: Produktinformation Claymore und Targe. Sword Aberdeen Ltd., Aberdeen/UK

19 de Vries, Holger; Preuschoff, Olaf: Der Strahlrohrtest, Feuerwehr-Magazin, Bremen, 2003, Nr. 4, April, siehe auch www.einsatzpraxis.org

20 Handell, Anders: Utvärdering av dimstrålrörs effektivitet vid brandgaskylning – Evaluation of the efficiency of fire fighting spray nozzles in a smoke gas cooling situation. Brand-

teknik, Lunds tekniska högskola, Lunds universitet, Lund 2000 (Schweden) Report 5065; ISSN: 1402-3504; ISRN: LUTVDG/TVBB--5065--SE

21 Fa. Vogt: Datenblatt 5-11. Vogt Feuerwehrgeräte und Fahrzeugbau, Oberdiessbach/CH

22 Fornell, David P.: Fire Stream Management Handbook. Fire Engineering Pennwell Publishing Company, Saddle Brook NJ/USA 1991. S. 129

23 Fornell, David P.: Fire Stream Management Handbook. Fire Engineering Pennwell Publishing Company, Saddle Brook NJ/USA 1991. S. 145

24 de Vries, Holger: Einsatz von D-Leitungen – Ausbildung und Praxis, ecomed, Landsberg, 2016

25 Grimwood, Paul: Fire-fighting Flow-rate (Barnett (NZ) – Grimwood (UK) Formulae (PDF); Jan. 2005

26 de Vries, Holger: When did you fight your last crib fire?, Fire Chief Magazine, 1997, Nr. 3, März, 70 – 76

27 Braun, Ulrich: Druckluftschaum; Rotes Heft/Ausbildung kompakt 211; Verlag W. Kohlhammer 2009

28 de Vries, Holger: Messungen des Druckverlaufs an mit Wasser oder Druckluftschaum gefüllten Schlauchleitungen während des Betriebs und deren Konsequenzen für die Brandbekämpfung / Pressure Measurements along Fire Hose Lines operated with Water or Compressed Air Foam and their Consequences for Fire-Fighting Operations; Norderstedt 2009, Libri Books on Demand

29 Blätte, H.-J.: Berufsfeuerwehr – Quo vadis? In: vfdb; Kohlhammer; Stuttgart; 1994; 2; Februar; S. 48

30 Berliner Feuerwehr: Jahresberichte (PDF, online)

31 Musse, José W.: Formation: Fire Attack and Tactics; 14. März 2012

32 de Vries, Holger: Einsatzpraxis: Brandbekämpfung mit Wasser und Schaum – Technik und Taktik, ecomed, Landsberg, 3., vollständig überarbeitete und erweiterte Auflage 2008

33 Manual of Firemanship – Book 11 Practical Firemanship L – Home Office (Fire Department) – Crown Copyright 1988]

34 Unfallverhütungsvorschrift Feuerwehren vom Mai 1989, in der Fassung vom Januar 1997 mit Durchführungsanweisungen vom Juli 2003; Gesetzliche Unfallversicherung GUV-V C 53 (bisher GUV 7.13)

35 Unfallverhütungsvorschrift Arbeiten mit Flüssigkeitsstrahlern vom März 1993, in der Fassung vom Januar 1997 mit Durchführungsanweisungen vom November 1997; Gesetzliche Unfallversicherung GUV-V D 15 (bisher GUV 3.9)

36 Brunacini, A.V.: Fire Command, National Fire Protection Association, Quincy, USA, 1985

37 Kluth, Karsten; Pauly, Olaf; Keller, Erwin; Strasser, Helmut: Forschungsbericht über die Evaluierung der ergonomischen Qualität von Strahlrohren zur Brandbekämpfung mittels elektromyographischer und subjektiver Methoden; Universität – GH – Siegen, Institut für Fertigungstechnik, AWS Arbeitswissenschaft/Ergonomie, Univ.-Prof. Dr.-lng. Helmut Strasser; Gießen; Februar 1999

38 de Vries, Holger: Einsatzpraxis: Brandbekämpfung mit Wasser und Schaum – Technik und Taktik, ecomed, Landsberg, 3., vollständig überarbeitete und erweiterte Auflage 2008

39 Häni, S.: Löscheinsätze im Bereich elektrischer Anlagen In: Schweizerische Feuerwehrzeitung; 2; Februar; 1997; Stämpfli + Cie AG; Bern; S. 90-91

40 http://www.feuerwehr-uster.ch/einsaetze/2003-10-01.htm#top:Trafobrandbericht.pdf (Stand 21.05.2004) sowie Feuerwehr Magazin 05-2004

41 de Vries, Holger: Brand in einem elektrischen Betriebsraum mit Quecksilber- und PCB-Freisetzung führt zu Kontamination der Einsatzkräfte, 112-Magazin, Stumpf + Kossendey Verlagsgesellschaft mbH; Edewecht, 2010, 3/4, März/April, S. 43 – 47

42 Blaschke, Christoph: Auswahlkriterien für die Schlauchdimension bei Gebrauch in einem Schlauchpaket – Betrachtung der Wechselwirkungen zwischen zwei Angriffsleitungen an einem Verteiler, anhand eines Beispiels [Bachelorarbeit]; Hochschule für angewandte Wissenschaften Hamburg, Fakultät Life Sciences, Studiengang: Hazard Control/Gefahrenabwehr; 2015

Lösungen zu Kap. 1:

1. Querschnittsverengung (siehe Abb. 1)
2. Höhere Wurf- bzw. Reichweite
3. Etwa 225 L/min Luft pro Liter Volumenstrom des HSR (Kap. 1.1)
4. Rundstrahldüse, Drallstrahldüse, Ringstrahldüse, Mehrstoffdüse, Pralldüse und Rundstrahl-Mehrfachdüse (siehe Abb. 2)
5. Teil 1 Allgemeine Anforderungen; Teil 2 Hohlstrahlrohre PN16 – beschreibt Hohlstrahlrohre; Teil 3 Strahlrohre mit Vollstrahl und/oder einem unveränderlichen Sprühstrahlwinkel PN16 – beschreibt Mehrzweckstrahlrohre und ist damit de facto Nachfolgenorm für DIN 14365; Teil 4 Hochdruckstrahlrohre PN 40 (Kap. 1.2)

Lösungen zu Kap. 2:

1. siehe Abb. 13
2. Eventuell ist der Druck, der zur Verfügung steht, geringer als der Arbeitsdruck des Automatik-Strahlrohres, so dass eine effektive und sichere Brandbekämpfung nicht möglich ist.
3. Siehe Abb. 51

Lösungen zu Kap. 3:

1. Volumenstrom [L/min] = 4 x Brandfläche [m^2], „TALIS“ (Kap. 3.1)
2. Verteiler schließen, Schlauch als „Z“ zusammendrücken, Notmanöver: Messerschnitt (Kap. 3.3)
3. W-Formation (Kap. 3.5)
4. Reduktion des Druckluftschaumes durch mehrfachen Richtungswinkel und die Größe des Ringspaltes des HSR

Anhang: Volumenstrom durch Runddüsen

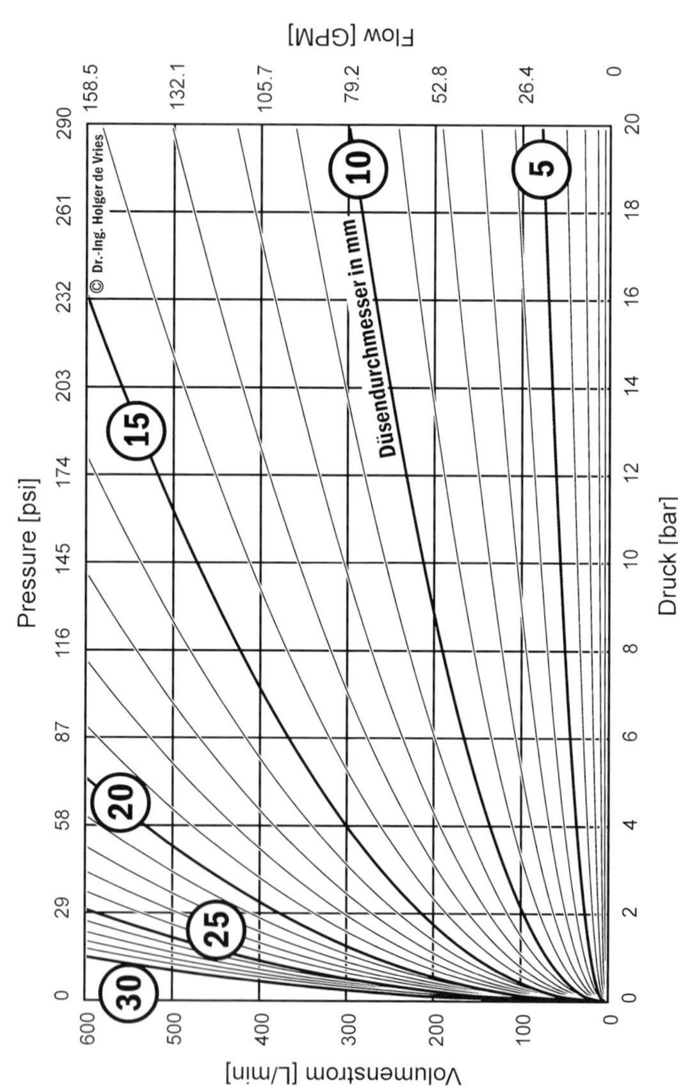

Abbildung A1:
Volumenstrom durch Runddüsen